Ciências da Terra

Módulo 3
A água no planeta Terra

Organizadores: Joel Barbujiani Sigolo e Rômulo Machado

Prefácio: Benjamin Bley de Brito Neves e
José do Patrocínio Tomas Albuquerque

IBEP

1ª edição
São Paulo, 2019

Ciências da Terra
Módulo 3 – A água no planeta Terra
© IBEP, 2019

Diretor superintendente	Jorge Yunes
Diretora editorial	Célia de Assis
Organizadores editores	Joel Barbujiani Sigolo e Rômulo Machado
Revisão	Denise Santos
Secretaria editorial e Produção gráfica	Elza Mizue Hata Fujihara
Assistente de secretaria editorial	Juliana Ribeiro Souza
Assistente de produção gráfica	Marcelo Ribeiro
Assistente de arte	Aline Benitez
Assistentes de iconografia	Victoria Lopes
Processos editoriais e tecnologia	Elza Mizue Hata Fujihara
Projeto gráfico	M10
Capa	Departamento de Arte Ibep
Diagramação	M10

CIP-BRASIL. CATALOGAÇÃO NA PUBLICAÇÃO
SINDICATO NACIONAL DOS EDITORES DE LIVROS, RJ

C511

Ciências da terra : módulo 3 : a água no planeta Terra / organização Rômulo Machado, Joel B. Sigolo ; prefácio Benjamin Bley de Brito Neves, José do Patrocínio Tomas Albuquerque ; autores César Ulisses Vieira Veríssimo ... [et al.] - 1. ed. - São Paulo : IBEP, 2019.

136 p. : il. ; 24 cm.

Inclui bibliografia
ISBN 978-85-342-4218-9

1. Geologia - Estudo e ensino (Superior). 2. Hidrologia. I. Machado, Rômulo. II. Sigolo, Joel B. III. Neves, Benjamin Bley de Brito. IV. Albuquerque, José do Patrocínio Tomas. V. Veríssimo, César Ulisses Vieira.

19-60519   CDD: 551.48
                  CDU: 556

Meri Gleice Rodrigues de Souza - Bibliotecária CRB-7/6439

25/09/2019   30/09/2019

1ª edição – São Paulo – 2019
Todos os direitos reservados.

IBEP

Av. Alexandre Mackenzie, 619
Jaguaré – São Paulo – SP – 05322-000 – Brasil
Tel.: 11 2799-7799
www.ibep-nacional.com.br   editoras@ibep-nacional.com.br

Apresentação dos organizadores

As Ciências da Terra ganharam importância oficial a partir de 1972, em Estocolmo, Suécia, quando foi organizada a Conferência da Organização das Nações Unidas – ONU sobre Desenvolvimento Humano e Meio Ambiente, resultando daí a primeira Declaração Universal sobre o tema e o Programa para o Meio Ambiente do organismo. A partir de então, o ser humano começou a se preocupar oficialmente com o planeta Terra.

Em 1988, por iniciativa da ONU e da Organização Meteorológica Mundial, foi realizado o primeiro Painel Intergovernamental sobre Mudanças Climáticas – PIMC (ou IPCC, sigla em inglês de Intergovernmental Panel on Climate Change). Seguiram-se outros eventos sobre mudanças climáticas em 1992 e 2012 (Rio de Janeiro), 1997 (Kyoto), 2002 (Johanesburgo) e 2018 (Paris). Os relatórios desses eventos mostram a grande preocupação com as mudanças climáticas e suas consequências para o meio ambiente e para a saúde do ser humano e propõem meios para combater o aquecimento global, incluindo mudanças como a adoção de uma economia mais limpa, sustentável e com menor impacto ao meio ambiente.

As Ciências da Terra também ganharam destaque com a realização do Ano Internacional do Planeta Terra – AIPT em 2008, com início em 2007 e término em 2009. O AIPT foi idealizado durante o Congresso Internacional de Geologia do Rio de Janeiro, em 2000, e proclamado pela ONU em 2005. Recomendado por 23 cientistas de vários países, o programa do AIPT foi centrado em dois grandes focos: o científico e o de divulgação. O foco científico envolveu dez temas abrangentes de grande impacto social, incluindo água subterrânea, desastres naturais, clima, recursos naturais (minerais e energia), (mega) cidades, núcleo e crosta terrestres, oceanos, solos, Terra e saúde e Terra e vida.

Nesse contexto e considerando a ausência de um livro didático em Ciências da Terra no país com abrangência hoje requerida, os organizadores e editores desta obra tomaram para si o desafio de preencher essa grande lacuna e colocar à disposição dos estudantes de cursos introdutórios universitários um livro com uma concepção diferente daquela dos livros publicados até o momento e com uma linguagem que se aproxima daquela encontrada nos livros didáticos do Ensino Médio.

A obra, com 31 capítulos, será publicada em cinco módulos. O Módulo 1 – dividido em cinco capítulos – aborda a origem, a estrutura e a formação do Sistema Solar, terremotos e sismicidade no Brasil, composição, propriedades físicas, estrutura interna da Terra e Tectônica de Placas. O Módulo 2 – dividido em sete capítulos – contempla o estudo da origem, a classificação e a composição dos minerais, das rochas ígneas (vulcânicas e plutônicas), sedimentares e metamórficas, intemperismo e formação dos solos, estruturas geológicas, formas e processos. O Módulo 3 – dividido em sete capítulos – contempla o ciclo da água no planeta em seus diferentes estados, tipos de reservatórios (atmosfera, oceanos, lagos, geleiras, rios e água subterrânea), conflitos, disponibilidade, distribuição, poluição e gerenciamento, origem e evolução da atmosfera atual, células atmosféricas, influência nos fenômenos meteorológicos, mecanismos de transporte e produtos de deposição do vento. O Módulo 4 – dividido em seis capítulos – contempla o histórico e a evolução do conhecimento sobre a Terra e pesquisa geológica no Brasil, do pensamento e da geocronologia sobre a idade do planeta, a origem da vida no Pré-Cambriano e sua evolução no Fanerozoico, no Mesozoico e no Cenozoico. O Módulo 5 – dividido em seis capítulos – contempla os recursos naturais, energia, meio ambiente e o papel do homem no planeta, riscos e desastres naturais, geoconservação e as mudanças globais.

Um grande esforço dos organizadores foi no sentido de manter uma homogeneidade e o mesmo nível de abordagem dos capítulos e módulos que compõem toda obra. Os capítulos iniciam-se com os principais conceitos e finalizam com uma revisão dos mesmos e/ou com atividades que utilizam os conceitos desenvolvidos em cada capítulo. Incluem ainda um glossário com a definição dos termos mais relevantes e uma lista de referências bibliográficas.

Foram priorizadas as imagens (ilustrações e fotografias) de exemplos brasileiros e de países vizinhos (Argentina, Chile e Peru) e da África, incluindo algumas delas de países europeus. A equipe de autores e colaboradores é formada por professores e pesquisadores de várias universidades e instituições públicas brasileiras, como Universidade de São Paulo (USP), Instituto de Pesquisas Tecnológicas (IPT), Universidade Federal do Rio de Janeiro (UFRJ), Museu Nacional, Universidade Federal do Paraná (UFPR), Universidade Federal de Sergipe (UFS), Universidade Federal do Pará (UFPa) Universidade Federal de São Paulo (Unifesp), incluindo também profissionais liberais e autônomos.

Na expectativa de que o conteúdo desta obra venha despertar o interesse de estudantes – universitários e do Ensino Médio – e do público interessado em compreender a história geológica do planeta desde sua origem, há 4,56 bilhões de anos, passando por inúmeras transformações, incluindo a formação e o fechamento de oceanos, colisão de continentes (supercontinentes) até a formação de cadeias de montanhas. Esses supercontinentes se rompem e se fragmentam depois em continentes menores, seguindo ciclos que se repetiram várias vezes no passado geológico, sendo conhecido hoje como Ciclo de Wilson, cuja duração é de aproximadamente 200 a 300 milhões de anos. Essas transformações foram acompanhadas na superfície do planeta por mudanças climáticas, de circulação atmosférica, da calota polar, do tipo de intemperismo, das formas de relevo, da atividade vulcânica, bem como pelo surgimento da vida, nos oceanos e na terra.

Agradecemos ao Instituto de Geociências da Universidade de São Paulo pelo apoio nas diversas etapas de produção desta obra, bem como a vários funcionários e colegas dessa instituição, especialmente aqueles que se dispuseram a fazer a leitura crítica de vários de seus capítulos, como o prof. dr. Kenitiro Suguio, ao geólogo Roger Marcondes Abs, aos diversos autores dos capítulos e aos professores doutores Umberto Giuseppe Cordani (USP), Rudolph Johannes Trouw (UFRJ), Benjamin Bley de Brito Neves (USP) e José do Patrocínio Tomaz de Albuquerque (UFCG), os quais engrandeceram sobremaneira esta obra: o primeiro, prefaciando o Módulo 1; o segundo, o Módulo 2; e os dois últimos, o Módulo 3. Agradecemos também a equipe da M10-Editorial, que foi responsável pela diagramação e projeto gráfico dos capítulos, e a equipe da Instituto Brasileiro de Edições Pedagógicas (Ibep), coordenada pela diretora editorial Célia de Assis, pelo seu competente e incansável trabalho, desempenhado desde a etapa inicial até a etapa final, que culminou com a produção deste livro. Agradecemos ainda aos funcionários do Museu de Geociências da USP, por cederam exemplares de minerais para obtenção de fotos que ilustram o livro, e a fotógrafa Adriana Pereira Guivo, pela qualidade das imagens do capítulo de minerais.

Por fim, somos gratos a todos os colegas brasileiros e estrangeiros que disponibilizaram várias imagens que ilustram muitos capítulos desta obra, a saber: P. Andrade, A. V. L. Bittencourt, D. C. Coelho, A. P. Crósta, H. Conceição, C. L. M. Bourotte, G. Campanha, A. C. R. Campos, F. M. Canile, J. G. Franchi, M. G. M. Garcia, P. C. Giannini, F. Mancini, T. R. Karniol, R. Linsker, I. McReath, A. S. de Oliveira, B. V. Oskarsson, Y. Ota, F. Penalva, M. Roverato, E. Sorrine, S. T. Velasco, J. Zampelli, F. W. Cruz Jr., M. C. Ulbrich, J. R. Silva de Oliveira e A. E. Correia.

Rômulo Machado e Joel Barbujiani Sigolo

Prefácio

A água é uma substância permanente de todas as equações que pretendem tratar e relacionar a vida no planeta. Antes disso, e mais que isso, trata-se de uma variável altamente independente e fundamental na história geológica da Terra. É bom rememorar aqui aquele astronauta que, quando viu a Terra do espaço cósmico, indagou por que o planeta não se chamava Oceano. E, nos substratos dessa explanação embevecida, faltava (por desconhecimento daquele senhor) incluir a importância da água como um todo, em seus diversos papéis, nuances e palcos de participações. Ontem, hoje e sempre, figurante de estrelato na história de nosso planeta. Com riqueza de motivos, essa inter-relação íntima levou à criação de Planeta Água do nosso cancioneiro popular.

Todo livro-texto sobre a Terra, voltado ao grande público (como este, de todos níveis intelectuais), a qualquer pretexto e propósito, a água é tema substancial. Este Módulo 3 é uma oportunidade de registrar a importância da água na história do planeta (do remoto Pré-Arqueano ao recente) e no condicionamento da vida, período após período ao longo da história da Terra e (agora, em tempos cenozoicos) de estruturação e evolução da sociedade, em seus vários ângulos, searas e frontes.

Nos dias atuais, ao nível de conhecimento que chegamos, o espectro dos capítulos neste Módulo 3 estão tão umbilicalmente ligados, sob a égide da importância da água no planeta, que só podem ser assim tratados, separadamente, por fortes inescapáveis razões expositivas. E, como será visto ao longo do texto, cada um deles é socorrido e amparado por algum dos demais ou por todos eles. É obrigação de todos os autores, sempre que possível, insistir e reiterar nessa interação pervagante *urbi et orbi* destes temas. Infelizmente, no dia a dia de nossos gestores nos deparamos com a lamentável ignorância desse fato tão simples e candente quanto importante. É justo e oportuno ressaltar que, nos capítulos deste Módulo 3, todos esses compartimentos – não estanques – estão larga e apropriadamente discutidos, sem a perda de sua inefável inerência e inteireza.

Na história do nosso planeta, acredita-se que os volumes de água não variaram muito em quantidade desde o Arqueano. Mas variaram intensamente em forma de estocagem. Ainda que se discuta até se no Eoarqueano haveria água de forma líquida, sabe-se que no Paleoproterozoico já havia lagos, mares interiores, oceanos, rios e até geleiras. A partir de então essa riqueza de feições variou intensamente, com aberturas e fechamento de oceanos, episódios gigantescos de áreas glaciadas, grande variedade nas malhas hidrográficas etc. De modo que, a partir do Paleoproterozoico, podemos usar para a água o princípio do atualismo sem grandes problemas. E, assim sendo, o conhecimento do Ciclo Hidrológico, em seus vários ramos e inter-relações, deve ser ensinado, reiterado e cobrado desde sempre. Quanto mais próximo esse conhecimento da realidade, mais próximos estaremos de uma prestação de serviços fundamentada. Este livro se presta enormemente para incutir/reiterar a importância da água e do gerenciamento apropriado dos recursos hídricos, em geral.

As tramas, as entranhas e os caprichos dos termos do ciclo hidrológico são complexos, mas eles estão muito bem discriminados neste documento. Cada um desses termos tem nuances e feições complementares a serem destacadas. Na precipitação e seu desdobramento natural ($P = I + E + R$), na infiltração (direta, pós-intercetação, lenta, secular), nos tipos de acumulações superficiais (lagos, rios, oceanos) e subterrâneas (vadosas, aquífugos, aquíferos livres e/ou confinados etc.). E insistir nesse conhecimento é importante e sempre oportuno, porque a fase posterior de administração e utilização desses elementos saem da órbita dos profissionais das geociências e cai na mão de pessoas não idealmente preparadas.

Uma discussão muito comum nos nossos dias é o da determinação dos limites quantitativos de retirada (e uso) admissível (chamadas de disponibilidades) de água subterrânea e da denominada água superficial (como se tratassem de coisas distintas). Esses "limites" são determinados por duas tendências: no primeiro caso, admite-se que apenas a recarga (correspondente às potencialidades do sistema poderia ser explorada). Mas, segundo alguns autores, além da recarga, se poderia avançar e explorar parte das reservas permanentes dos sistemas aquíferos; no segundo caso (águas superficiais), pelas vazões médias estimadas de longos períodos. Os efeitos adversos aos recursos hídricos (infelizmente muito comuns) começam justamente quando induzem à exploração inadvertida desses dois segmentos dos recursos hídricos, de forma isolada, sem atentar que os dois segmentos estão intimamente relacionados. Na verdade, as águas fluviais perenes ou intermitentes se compõem de duas parcelas: da vazão de base (suprida pela descarga dos sistemas aquíferos) e da vazão de escoamento superficial dependente de chuvas. O esquema genérico do ciclo hidrológico deve sempre ser observado e perseguido.

O tratamento e a discussão dos outros capítulos deste módulo (geleiras, oceanos e lagos) são complementares e pertinentes ao tema central. Como já mencionado, suas características gerais, as associações das rochas deles derivadas, seus recursos hídricos e econômicos etc. são uma aula de geologia (no presente), com profunda repercussão na paleogeologia do Proterozoico e do Fanerozoico, como um todo. E os autores não nos pouparam dessa demanda de nosso conhecimento e o fizeram de maneira objetiva, atraente, didática e elogiosa. Afinal, não só geólogos, mas membros de todas as profissões, líderes de todas comunidades (leitores potenciais deste livro) precisam desses conhecimentos e podem doravante revertê-los em benefício das comunidades. Se não for possível a materialização pelas próprias mãos dessas realizações, o conhecimento, os alertas e a advertência serão possíveis e isso já será um contributo de importância. Temos neste livro, sem trocadilho, água para matar nossa sede.

Já discutimos a importância do conhecimento dos elos da corrente complexa do ciclo hidrológico, bastante bem esquematizada e tratada neste livro. Insistimos que esse conhecimento é fundamental no aproveitamento racional dos recursos hídricos, que deveria sempre ser monitorado ou acompanhado de muito perto por homens das geociências, conhecedores desses elos. Nos países subdesenvolvidos (mas, não somente), há muitos casos de barragens superdimensionadas (jamais enchem), barragens superexploradas (demandas suplantando recursos reais disponíveis), barragens que desmoronam e, principalmente, poços e captações afins abandonados. Em todos esses casos, e nos últimos especialmente, por erros primários de engenharia de construção, desenvolvimento e exploração e, mais ainda, falta de manutenção. A manutenção desses pontos d'água é item crucial, mas do desconhecimento (ou puro desleixo) de muitos administradores públicos, de forma que em algumas regiões semiáridas chegamos a uma proporção fatídica e infeliz de um poço em operação para dez abandonados. Isso diante do quadro socioeconômico à sua volta é um acinte cruel (mas, muito frequente, lamentavelmente).

Portanto, a discussão dos temas deste livro deve ser insistida, reiterada e utilizada da melhor maneira possível. Nenhuma região do mundo deixa de ter um caminho, uma solução técnica para seus problemas de abastecimento. De forma que este livro merece nossos aplausos pela sua qualidade e oportunidade. E esta é uma iniciativa para ser aplaudida, pois esses conhecimentos aqui sintetizados e organizados têm uma repercussão muito grande no campo social. Parabéns aos editores, parabéns aos autores por esta contribuição que esperamos venham a ser aproveitadas pelos nossos gestores de recursos hídricos.

Benjamim Bley de Brito Neves é professor titular do Instituto de Geociências USP.
José do Patrocínio Tomaz Albuquerque é professor titular do Departamento de Engenharia Civil da Universidade Federal de Campina Grande (UFCG).

A água no planeta Terra

Organizadores: Joel Barbujiani Sigolo e Rômulo Machado

Joel Barbujiani Sigolo
Geólogo (1973) pela Universidade Federal Rural do Rio de Janeiro (UFRRJ). Mestrado (1979), doutorado (1988), livre-docente (1998) e professor titular (2005) pela USP. Foi professor da UFRRJ (1974-1981). Professor do Instituto de Geociências da USP desde 1981. Programa de preparação de doutorado no Laboratório da ORSTOM em Bondy (1995) e pós-doutorado no Laboratoire de Géociences de l'enviroment de l'Université de Aix Marseille III-CEREGE, Aix en Provence (1996-1998), França. Foi diretor financeiro da Sociedade Brasileira de Geologia (2003-2013). Bolsista de Produtividade em Pesquisa do CNPq.

Rômulo Machado
Geólogo pela UFRRJ (1973). Mestrado (1977), doutorado (1984), livre-docente (1997) e professor titular pela USP (2010). Pós-doutorado (1988-1989) pela Universidade de Paris-IV, França. Foi professor visitante da Escola de Minas de Paris (1990), com estágios de curta duração na Universidade de Rennes II (1995) e Escola de Minas de Saint-Etienne (1997), França. Foi professor da UFRRJ (1974-1979). Professor do Instituto de Geociências da USP desde 1979. Foi presidente da Sociedade Brasileira de Geologia (2003-2005 e 2006 -2007). Bolsista de Produtividade em Pesquisa do CNPq.

Autores

César Ulisses Vieira Veríssimo
Geólogo pela Universidade Federal do Pará (1985), mestrado em Geologia Regional (1991) e doutorado (1999) em Geologia Regional pela Universidade Estadual Paulista Júlio de Mesquita Filho. Pós-doutorado no Instituto de Geociências da Universidade de Brasília – UnB (2009). Atualmente é professor titular da Universidade Federal do Ceará. Tem experiência na área de Geociências, com ênfase em Geologia Regional, atuando principalmente nos seguintes temas: Morfogênese e intemperismo, Mapeamento geotécnico, Tipologia de minérios de ferro e manganês, Carste e espeleogênese.

Christine Laure Marie Bourotte
Graduada em Ciências da Terra pela Universite dAix-Marseille III (Droit, Econ. et Sciences) (1995), mestrado em Geociências – Universite dAix-Marseille III (Droit, Econ. et Sciences) (1996) e doutorado em Geociências (Geoquímica e Geotectônica) pela Universidade de São Paulo e Université de Toulon et du Var (co-tutela) (2002). Tem experiência na área de Geociências, com ênfase em Geoquímica ambiental, atuando principalmente nos seguintes temas: Interações atmosfera-superfície, Química do material particulado atmosférico, Química de águas e solos superficiais. Recentemente atua no ensino e na divulgação das Geociências.

Eder Cassola Molina
Geofísico pelo Instituto de Astronomia, Geofísica e Ciências Atmosféricas da Universidade de São Paulo – USP (1987) e engenheiro químico pelo Centro Universitário da FEI (1985). Mestrado (1991) e doutorado (1996) em Geofísica pela USP. É professor do Instituto de Astronomia, Geofísica e Ciências Atmosféricas desde 1988. Atua na área de Geofísica, com ênfase em Gravimetria e Geomagnetismo, com os temas: Geofísica, Gravimetria, Aerogravimetria, Altimetria por satélite, Aeromagnetometria, Aerogamaespectrometria e representação dos elementos do campo de gravidade terrestre.

José Guilherme Franchi
Geólogo pelo Instituto de Geociências da Universidade de São Paulo – USP (1981), mestrado em Engenharia Mineral (Recuperação de Áreas Degradadas) pela Escola Politécnica da USP (2000) e doutorado em Geoquímica e Geotectônica pelo Instituto de Geociências da USP (2004). Atualmente é professor da Universidade Federal de São Paulo – Campus Diadema. Tem experiência na área de Geociências, com ênfase Geoquímica ambiental, Mineração e meio ambiente, atuando principalmente nos seguintes temas: Geologia e tecnologia de minerais industriais e agrominerais, Riscos geológicos, Áreas contaminadas, Recuperação de áreas degradadas, Avaliação de impactos ambientais, Áreas de preservação permanente.

Renato P. Almeida
Geólogo pelo Instituto de Geociência da Universidade de São Paulo – IGc-USP (1997), mestrado (2001) e doutorado (2005) pelo Instituto de Geociência da USP na primeira na área de Geotectônica e na segunda na área de Geologia Sedimentar. Livre-docente pela mesma instituição em 2012. Atualmente é professor livre-docente do Departamento de Geologia Sedimentar e Ambiental do IGc-USP. Desenvolve pesquisas científicas em Tectônica e Sedimentação com ênfase em sistemas deposicionais continentais, sistemas fluviais ao longo do tempo geológico, além da análise da evolução de Bacias Sedimentares e em Sedimentação Pré-Cambriana.

Roger Marcondes Abs
Geólogo (1973) pela Universidade Federal Rural do Rio de Janeiro (UFRRJ), professor na UFRRJ (1974 a 1978) e na Universidade Federal de Mato Grosso (1983 a 1985). Atua como geólogo geotécnico em projetos hidrelétricos, ferroviários e rodoviários em várias empresas de engenharia consultiva. É consultor de meio físico no licenciamento ambiental de projetos de engenharia, de mineração, de recuperação de áreas degradadas, inclusive favelas, em diversas empresas de consultoria.

Valeria Guimarães Silvestre Rodrigues
Geóloga pelo Instituto de Geociência da USP - IGc-USP (1998), mestrado (2001) e doutorado (2007) em Geociências no Programa de Geoquímica e Geotectônica pelo mesmo Instituto. Pós-doutorado na Universidade Estadual Paulista Júlio de Mesquita Filho; Unesp (2008-2010). Atua na Avaliação da poluição e contaminação de diversos ambientes supergênicos. Atualmente é professora livre-docente da Escola de Engenharia de São Carlos – EESC – Departamento de Geotecnia, da Universidade de São Paulo. Também se dedica à Geologia e à Geotecnia Ambiental, nos seguintes temas: contaminação, metais potencialmente tóxicos (solos, sedimentos lacustres e sedimentos fluviais), resíduos de mineração, toxicologia, bioindicadores e avaliação de áreas degradadas.

Wellington Ferreira da Silva Filho
Geólogo pela Universidade Federal do Ceará (1992), mestrado acadêmico em Geociências (Geoquímica e Geotectônica) pelo Instituto de Geociência da USP-IGc (1998), mestrado profissional em Gestão da Educação Superior pela Universidade Federal do Ceará (2011). Professor associado III nessa mesma instituição. Doutorado em Geociências pela Universidade Federal do Rio Grande do Sul (2004). Coordenador do Programa de Pós-Graduação em Geologia (2015-2017). Desenvolve pesquisas em geologia sedimentar, tectônica e geoconservação. Coordenador do Projeto "Terra em Movimento: exposições itinerantes para divulgação da Geologia e Paleontologia" (Extensão). Faz parte da equipe brasileira do convênio entre a Universidade Federal do Ceará e o Instituto Senckenberg (Frankfurt/Dresden-Alemanha).

Sumário

1 A ÁGUA NO PLANETA
JOSÉ G. FRANCHI E JOEL B. SIGOLO

Principais conceitos 12
Introdução 13
Dinâmica da hidrosfera 13
Os primeiros conceitos de ciclo hidrológico 15
O movimento da água na hidrosfera 15
A magnitude da hidrosfera 19
Equilíbrio e sustentabilidade da hidrosfera 20
Conflitos internacionais envolvendo água 25
Revisão de conceitos 26
Glossário 26
Referências bibliográficas 27

2 A INFLUÊNCIA DA ATMOSFERA NA SUPERFÍCIE TERRESTRE
CHRISTINE L. M. BOUROTTE E EDER C. MOLINA

Principais conceitos 28
Introdução 29
A história da atmosfera 29
Formação da hidrosfera e suas consequências 31
A oxigenação da atmosfera terrestre 33
A composição da atmosfera atual 34
Distribuição de temperaturas na atmosfera terrestre 35
Pressão atmosférica 36
As células de circulação atmosférica 36
Os ventos 38
Os efeitos do deslocamento das massas de ar na superfície do planeta 39
Os mecanismos de transporte e sedimentação de partículas pelo vento 41
Como as partículas se movimentam? 41
Como são e como podem ser transportadas as partículas de poeira? 42
Como são e como podem ser transportadas as partículas de areia? 42
Como são e como podem ser transportadas as partículas maiores? 43
Registros deixados pela atividade do vento 43
Registros deposicionais produzidos pela ação do vento 46
Registros antigos da ação dos ventos 51
Revisão de conceitos 52
Glossário 52
Referências bibliográficas 53

3 ÁGUA SUBTERRÂNEA
ROGER M. ABS E JOSÉ G. FRANCHI

Principais conceitos 54
Introdução 55
Porosidade e permeabilidade 55
O lençol freático 57
Descarga de águas subterrâneas 58
Artesianismo 61
Fontes termais e *geysers* 62
Dissolução causada por água subterrânea 62
Dissolução e precipitação causadas por ação da água subterrânea 64
Alteração da água subterrânea por atividade antrópica 66
Revisão de conceitos 68
Glossário 69
Referências bibliográficas 70

4 A AÇÃO DOS RIOS NA SUPERFÍCIE DA TERRA
JOEL B. SIGOLO

Principais conceitos 71
Introdução 72
Principais características de um sistema fluvial 72
Equilíbrio dinâmico 74
Dinâmica fluvial 75
Processos de erosão fluvial 77
Processos de transporte fluvial 78
Processos de deposição fluvial 80
Registros característicos de um rio 83
Síntese 85
Revisão de conceitos 86
Glossário 86
Referências bibliográficas 88

5 A AÇÃO DAS GELEIRAS NA SUPERFÍCIE DA TERRA
RENATO P. DE ALMEIDA E JOEL B. SIGOLO

Principais conceitos 89
Introdução 90
Tipos de geleiras 91
Movimento das geleiras 93
Erosão glacial 95
Transporte de sedimentos 97
Sistemas deposicionais glaciais 99
Glaciações 102
Revisão de conceitos 105
Glossário 105
Referências bibliográficas 106

6 AÇÃO E INFLUÊNCIA DOS OCEANOS NA SUPERFÍCIE DA TERRA
CÉSAR U. V. VERÍSSIMO E WELLINGTON F. DA SILVA FILHO

Principais conceitos 107
Introdução 108
A água dos oceanos 108
Origem e composição 109
Correntes marítimas 111
Marés 114
Ondas 115
A organização do relevo oceânico 117
Margens continentais 117
Bacias oceânicas profundas 118
Cadeias mesoceânicas 118
Recursos minerais marinhos 119
Conclusão 120
Revisão de conceitos 120
Glossário 120
Referências bibliográficas 121

7 LAGOS
VALÉRIA G. S. RODRIGUES E JOEL B. SIGOLO

Principais conceitos 122
Introdução 123
A origem dos lagos 123
Principais tipos de lagos – origem geológica 124
Compartimentos de um lago 131
Regiões de um lago 132
Uso e importância dos lagos 134
Revisão de conceitos 135
Glossário 135
Referências bibliográficas 136

CAPÍTULO 1
A água no planeta
José G. Franchi e Joel B. Sigolo

Principais conceitos

▶ A circulação da água na superfície do planeta, em seus diferentes estados físicos, por meio do ciclo hidrológico, promove a transferência de água entre os oceanos, rios, geleiras, atmosfera e da água subsuperficial pelos aquíferos subterrâneos.

▶ O calor proveniente do Sol é a fonte de energia que aciona essa transferência.

▶ A disponibilidade de água nos estados sólido, líquido e gasoso nos diversos reservatórios ou compartimentos (superficiais ou subterrâneos) determina a temperatura média de equilíbrio do planeta, que atualmente é de cerca de 15ºC.

▶ O volume de água que circula entre esses reservatórios é extremamente grande.

▶ A ação da água promove a erosão das rochas e dos solos, o transporte e deposição dos sedimentos nas regiões mais baixas ou nas depressões (bacias sedimentares), sendo o principal agente que promove mudanças no relevo e na paisagem terrestre.

▲ Representação da Terra vista do espaço, onde se destacam as imensas massas oceânicas de água, a calota polar na forma de geleiras da Antártida (porção inferior do globo), as Américas do Sul, Central e do Norte e uma pequena parte da África (direita), bem como a circulação da atmosfera por intermédio das nuvens.

Introdução

O planeta Terra passou por profunda diferenciação durante a sua formação, com separação de diferentes materiais, principalmente em função de sua composição e densidade. Isso propiciou a formação, no seu interior, de diferentes camadas, aproximadamente concêntricas. Essas camadas apresentam composições (química, mineralógica e física) diferentes e são separadas por importantes descontinuidades, que são detectadas pelo comportamento das ondas sísmicas.

Com o advento da conquista do espaço, o russo Yuri Gagarin, o primeiro astronauta a viajar pelo espaço, ao observar a paisagem terrestre da janela da nave Vostok, teria exclamado: "A Terra é azul!". A simplicidade da frase retrata a cor predominante da Terra, por causa das imensas porções oceânicas de água, que formam a parte preponderante da hidrosfera. As águas oceânicas distribuem-se por cerca de 71% da superfície do nosso planeta e, portanto, poderia muito bem ser denominado "Planeta Água".

De fato, quando vista do espaço, as feições mais impressionantes observadas são os imensos redemoinhos de nuvens brilhantes e esbranquiçadas, com padrão espiralado, expressão evidente da circulação desse fluido na atmosfera terrestre, como reflexo da interação com a biosfera e a litosfera.

O processo natural pelo qual a água é transferida dos oceanos à atmosfera, daí às terras emersas e novamente aos oceanos, é conhecido como ciclo hidrológico. A grande força que move esse ciclo é a energia térmica fornecida pelo Sol, que promove a evaporação da água dos oceanos e a coloca em circulação na atmosfera. Em seguida, o vapor-d'água pode condensar-se e, por ação da gravidade, precipitar-se sobre os oceanos e continentes. Grande parte da água precipitada sobre os continentes tende a retornar aos oceanos por meio de vários caminhos, indo formar os rios, as águas subterrâneas e as geleiras.

A água, combinada à força da gravidade, constitui o principal agente que esculpe o relevo terrestre. Desse modo, a água de chuva transporta fisicamente as partículas minerais e quimicamente os compostos dissolvidos; o escoamento da água dos rios promove a erosão e a escavação das rochas por onde passa; a ação da água subterrânea promove a dissolução e o transporte químico de compostos solúveis, originando cavernas; as geleiras causam modificações impressionantes no modelado da superfície dos continentes, constituindo-se vigorosos agentes de erosão e deposição de sedimentos. Finalmente, as correntes oceânicas são responsáveis pelo transporte, pela dispersão e pela deposição dos sedimentos oriundos dos continentes, promovendo sua deposição ao longo da região litorânea, na plataforma continental e também no fundo oceânico.

Dinâmica da hidrosfera

O ciclo hidrológico ocorre na escala global: continentes e oceanos trocam água. As rotas de transferência de água entre os diversos reservatórios podem ser visualizadas na **Figura 1.2**. A força motora do sistema é fornecida pelo calor do Sol, que causa a evaporação da água dos oceanos, o maior reservatório do planeta.

A intensidade de insolação na superfície da Terra é variável conforme a latitude, e as áreas com maior incidência de luz solar são aquelas que apresentam maior taxa de evaporação. Por outro lado, áreas com menor incidência de luz solar exibem menor taxa de evaporação e maior probabilidade de a água encontrar-se na forma de gelo. Assim, por diferenças de temperatura na superfície do planeta, as massas de água apresentam-se nos estados líquido, sólido ou gasoso, os quais são caracterizados por diferentes densidades. As águas mais densas (temperatura em torno de 4 °C) deslocam-se das regiões de latitudes mais altas para as de latitudes mais baixas, a exemplo do que ocorre com as águas polares que se deslocam rumo às regiões equatoriais pelos fundos oceânicos.

A maior parte da água que é evaporada nos oceanos precipita-se diretamente sobre esses na forma de chuva. O restante é deslocado em direção aos continentes por meio da circulação atmosférica, onde, então, é precipitada na forma de chuva, neve ou granizo. Aproximadamente dois terços da precipitação total mundial ocorre entre as latitudes 30° N e 30° S, não apenas com a qual tem forte influência no padrão de circulação atmosférica global (nos oceanos e nos continentes), na distribuição da vegetação e nas áreas sujeitas a ocorrências de enchentes e secas.

De modo análogo ao que acontece nos oceanos, a maior parte da água que se precipita nos continentes retorna novamente à atmosfera por evaporação. A parte restante, que não se evapora, escoa rumo aos oceanos, embora esse percurso possa ser interrompido temporariamente pelo seu aprisionamento em outros reservatórios. O principal mecanismo de retorno da água aos oceanos está ligado ao escoamento superficial por intermédio dos rios.

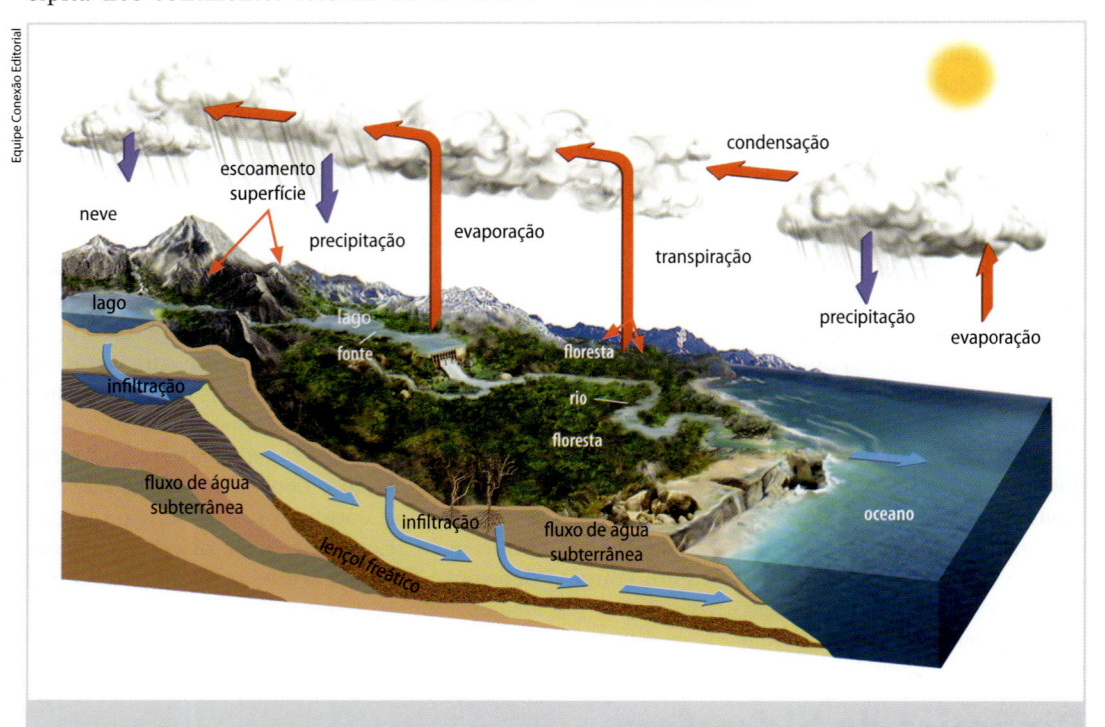

Figura 1.2 – De modo geral, a água evaporada dos oceanos e continentes circula pela atmosfera e precipita-se como chuva ou neve. Os rios fluem para os oceanos alimentados pelas águas subterrâneas, da chuva e do degelo. Parte das águas de precipitação fica estocada nos continentes. Fonte: modificado de Hamblin e Christensen (1998).

Parte da água de escoamento superficial pode infiltrar-se no subsolo e mover-se lentamente por meio de poros e fraturas existentes nas rochas. Parte da água de infiltração é absorvida pelas raízes das plantas, que as utilizam em seu metabolismo; posteriormente, parte dela é devolvida à atmosfera por meio do processo de evapotranspiração.

A água subterrânea pode alimentar lagos, nascentes e rios. Em regiões polares ou de cadeias de montanhas elevadas, a água pode acumular-se na forma de geleiras. O desgaste (ablação) (ver **Capítulo 5**) provocado na base e nas laterais das geleiras faz com que elas também se movimentem lentamente em direção às porções mais baixas, podendo atingir os oceanos.

No caminho resultante da fusão das geleiras, promove a erosão e transporte de sedimentos de natureza e composição diversas, depositando-os em ambientes continentais (fluviais e lacustres), marinhos e deltaicos. Durante seu percurso, a água e o gelo promovem o desgaste e a alteração das rochas e respondem pela configuração resultante do modelado do relevo.

Os primeiros conceitos de ciclo hidrológico

O entendimento atual do ciclo hidrológico não surgiu como uma teoria científica revolucionária proposta por um único pesquisador. Ele evoluiu lenta e gradualmente, baseado em observações e no acúmulo de conhecimento de vários pesquisadores.

Até meados do século XVI, acreditava-se que as águas das chuvas não eram suficientes para abastecer os rios, pois as águas de precipitação eram consideradas como o resultado de um evento passageiro: os rios fluem continuamente; as chuvas são intermitentes. Essa percepção era reforçada pelo fato de que a maioria das pessoas habitava principalmente os baixos cursos de rios, muito distantes das cabeceiras, situação que impedia melhor compreensão do que efetivamente ocorria no restante da bacia hidrográfica.

Curiosamente, a ideia de um ciclo hidrológico completo, que se inicia nos oceanos, segue os rios e retorna aos oceanos, está expressa em registros bíblicos nos seguintes termos: "Todos os rios se dirigem para o mar, e o mar não transborda. Em direção ao mar, para onde correm os rios, eles continuam a correr" (Eclesiastes, 1,7).

Leonardo da Vinci (1452-1519), considerado um dos maiores gênios de todos os tempos, tanto nas ciências como nas artes, foi um dos pioneiros na descrição do ciclo hidrológico ao afirmar que:

"[...] podemos concluir que a água flui dos rios para o mar, e do mar para os rios em constante circulação, e que toda a água contida em rios e mares passou pela foz do Nilo infinitas vezes [...]".

Afirmou, também, que:

"[...] a salinidade do mar provém das inúmeras fontes pelas quais a água, ao penetrar na terra e encontrar minas de sal, dissolve-os e parcialmente os carreia aos oceanos, fato este que não seria possível a partir das nuvens, as geradoras dos rios, que nunca carregam sais consigo [...]".

Na metade do século XVII, dois cientistas franceses, Pierre Perrault (1608-1680) e Edme Mariotte (1620-1684), realizaram, de modo independente, medições de precipitação da água nas áreas de captação da bacia hidrográfica do Rio Sena, bem como de sua descarga no oceano, durante certo intervalo de tempo. As medições indicaram que as precipitações eram suficientes para alimentar não apenas toda a água que fluía pelo rio, como também todas as fontes presentes na bacia. Ainda nessa época, Edmond Halley (1656-1742), famoso cientista inglês a quem o cometa Halley deve seu nome, ao realizar estimativas de volumes de água precipitados no Mar Mediterrâneo, concluiu que o volume de água evaporado na região era tão grande quanto a descarga de todos os rios que fluíam para esse mar. Essas observações foram importantes para o entendimento do que hoje se conhece como ciclo hidrológico.

O movimento da água na hidrosfera

Com base em medições extremamente sofisticadas, realizadas em diversos reservatórios de várias partes do globo, o homem possui atualmente uma boa noção quantitativa das precipitações, evaporações, descargas de drenagens e fluxos de águas subterrâneas. São três os parâmetros mais significativos do sistema hidrológico:
1. Os volumes de água existentes em cada reservatório;
2. Os tempos de residência – intervalos teóricos de tempo durante os quais uma hipotética "partícula" de água permanece retida dentro dos diversos reservatórios;
3. As transferências de água de um reservatório a outro.

Comparada à massa total do planeta, a massa da água da hidrosfera é extremamente pequena, pois representa apenas uma parte em 4 500. Apesar disso, ela cobre cerca de 71% de superfície terrestre e apresenta grande mobilidade de um lugar para outro, podendo atingir velocidades espantosas. Sua distribuição nos diversos reservatórios é apresentada nas **Tabelas 1.1** e **1.2**, graficamente expressas nas **Figuras 1.3** e **1.4**.

A seguir, serão discutidos individualmente os três parâmetros supracitados para os diversos reservatórios de água da hidrosfera.

Tabela 1.1 – Distribuição aproximada do volume total de água no planeta

Total de água no planeta	km³	%
Contida nos oceanos	1 326 000 000	97,5
Não contida nos oceanos	34 000 000	2,5
Total	1 360 000 000	100

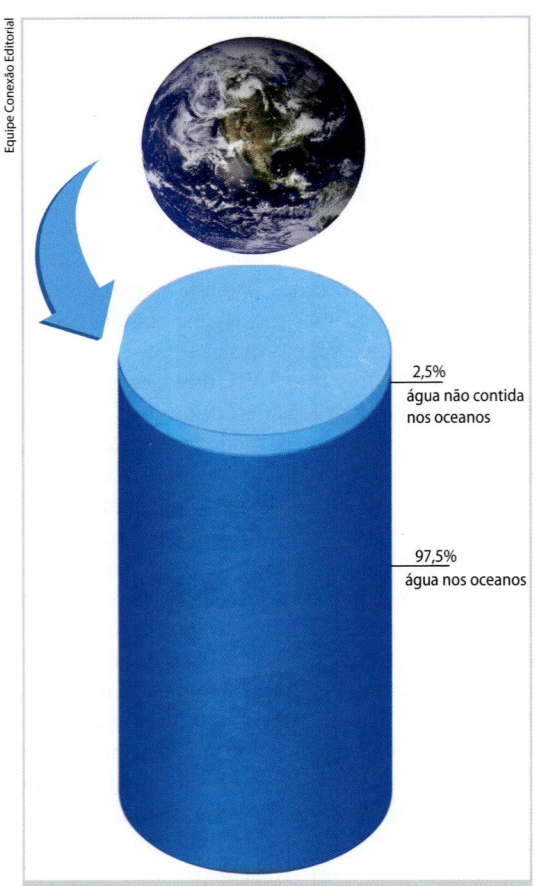

Figura 1.3 – Distribuição aproximada do volume total de água do planeta em seus diversos reservatórios. Fonte: modificado de Chahine (1992).

(2,5% água não contida nos oceanos; 97,5% água nos oceanos)

Figura 1.4 – Distribuição aproximada do volume total da água do planeta não contida nos oceanos.

(0,680% lagos; 0,044% rios; 19,235% água subterrânea; 0,041% atmosfera; 80,000% geleiras)

Tabela 1.2 – Distribuição aproximada do volume total da água do planeta não contida nos oceanos			
Água não contida nos oceanos	km³	%	% do total do planeta
Geleiras	27 200 000	80	2
Água subterrânea	6 540 000	19,2	0,5
Lagos	230 000	0,7	0,02
Rios	15 000	0,04	0,001
Atmosfera	15 000	0,041	0,001
Total	34 000 000	100	2,5

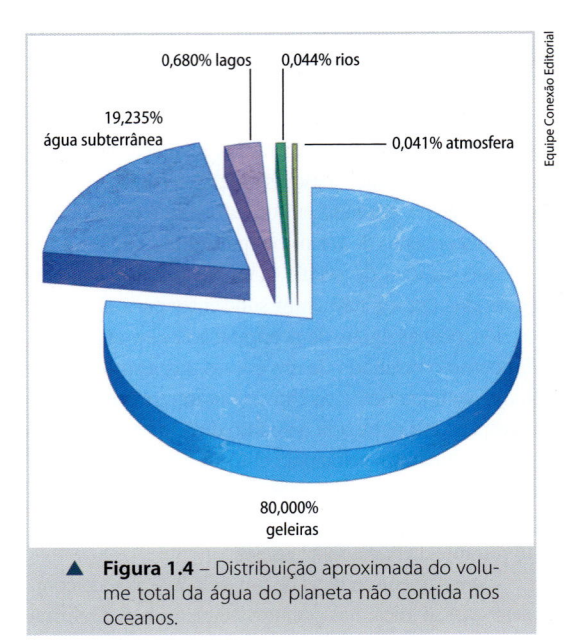

Oceanos

Somados, os oceanos representam o maior reservatório de água do planeta, representando cerca de 97,5% do seu total. A evaporação responde por 100% das saídas de água desse reservatório, enquanto as entradas ocorrem sob duas formas: precipitação (90%) e por escoamento (superficial e subsuperficial), provenientes dos continentes (10%) (ver **Capítulo 6**). O tempo médio de residência da água nesse reservatório é estimado em cerca de 300 anos, número que representa um valor médio, uma vez que apenas a água mais superficial é envolvida na evaporação. Assim, a água mais superficial pode ter um tempo de residência mais curto do que a de porções mais profundas, onde ela pode ficar armazenada por períodos muito maiores, possivelmente centenas ou milhares de anos. As águas oceânicas estão sujeitas a movimentos causados por ação das ondas, marés e correntes, que são capazes de provocar erosão da costa e transportar grande quantidade de sedimentos (**Figura 1.5**). Os efeitos dos processos costeiros podem ser vistos em costões e terraços litorâneos, deltas, praias e lagunas.

▲ **Figura 1.5** – Embaiamento, uma feição costeira construída a partir da erosão e deposição de sedimentos por ação de ondas. Praia de Imbassaí (BA).

Geleiras

A água na forma de gelo constitui cerca de 80% de toda a água doce do planeta; isso, no entanto, representa apenas cerca de 2% do volume total de água da Terra. Grande parte desse reservatório constitui as geleiras da Antártida e da Groenlândia (ver **Capítulo 5**).

A água das geleiras move-se lentamente, das áreas de acumulação sob a forma de neve, para suas margens, onde se funde (derrete) e segue, no estado líquido, rumo aos oceanos. O tempo de residência da água neste reservatório pode atingir milhares e talvez até milhões de anos. Estimativas baseadas em taxas atuais de degelo sugerem valor médio de 10 mil anos.

As quantidades de água armazenadas nesses dois reservatórios (oceanos e geleiras) estão intimamente relacionadas. Quando a quantidade do gelo glacial diminui, os oceanos avançam (transgridem) sobre os continentes, ou seja, o nível do mar sobe e, contrariamente, quando a quantidade do gelo glacial aumenta, os oceanos recuam (regridem) e seu nível geral desce. Caso ocorresse a transferência total da água das calotas polares para os oceanos, o volume das águas oceânicas aumentaria cerca de 2%, porém esse acréscimo seria suficiente para ocasionar uma subida do nível do mar em aproximadamente 100 metros.

Saliente-se que 99,5% do total da água do planeta encontra-se nos oceanos e nas geleiras e, portanto, o volume de água disponível para o consumo dos seres vivos é muito pequeno. A formação de geleiras continentais interfere substancialmente no ciclo hidrológico: uma vez precipitadas e acumuladas como neve e depois gelo, as águas não retornam imediatamente aos oceanos mediante o escoamento superficial. As geleiras formadas movem-se lentamente, como verdadeiros rios de gelo, pela fusão que ocorre em suas bases, escavando imensos vales glaciais com perfil transversal típico na forma da letra "U" (**Figura 1.6**). O continente antártico acha-se atualmente recoberto por uma imensa calota de gelo, com espessuras variáveis entre 2,0 e 2,5 km, que abrange uma área de 13 000 000 km².

▲ **Figura 1.6** – Vale em U, produzido por ação de geleira. Proximidade de Ushuaia, Argentina.

A ÁGUA NO PLANETA **17**

Água subterrânea

Aproximadamente 20% da água doce do planeta ocorre como água subterrânea, que satura e percola entre poros em solos, sedimentos, bem como fraturas em rochas cristalinas. Cabe salientar que quase a totalidade de água doce do planeta (Tabela 1.2) está representada pelas águas de geleiras e subterrâneas (ver Capítulo 3).

Cerca de 2,5% da água subterrânea encontra-se em movimento rumo ao lençol freático ou retida no próprio solo. Essa água é designada de umidade do solo, que é perdida por evaporação e pela absorção promovida pelas raízes das plantas.

O tempo de residência da água no subsolo é muito variável e é função da profundidade e das condições de fluxo do solo, podendo alcançar até 10 mil anos. Estima-se que o tempo de residência da água nos poros do solo é de aproximadamente 1 mês e envolve cerca de 0,5% da água doce do planeta ou 0,012% do seu volume total de água. Embora possa ser considerado um reservatório pequeno, o volume de água contido é cerca de 10 vezes maior que o encontrado em todos os rios do planeta.

Lagos

A água dos lagos representa cerca de 0,68% do volume total da água do planeta, excetuando-se os oceanos, ou seja, 0,017% do volume total.

Pode-se distinguir lagos de águas doce e salgada, caracterizados, respectivamente, pela presença ou ausência de exutórios de água. Os volumes de águas doces e salgadas lacustres são aproximadamente equivalentes. Cerca de 75% das águas doces lacustres do mundo são encontradas nos grandes lagos da América do Norte, da África Oriental (Lago Victória) e da Rússia (Lago Baikal). Cerca de 75% do volume total de águas salgadas lacustres está confinado no "Mar" Cáspio, onde seu tempo de residência é relativamente curto – cerca de 200 anos – em função das elevadas taxas locais de evaporação. Esse também é o tempo de residência estimado para o Lago Superior, enquanto para o Lago Erie seria de 90 anos, ambos situados na fronteira entre o Canadá e os Estados Unidos. Essas cifras são de particular importância, principalmente pelas dificuldades criadas pela demora na mitigação dos impactos causados pela poluição nesse tipo de ambiente. A ação dos lagos (ver Capítulo 7) na modelagem do relevo assemelha-se, em menor escala, àquela exercida pelos oceanos (ver Capítulo 6), que atua por meio da movimentação da água em forma de ondas, correntes e marés formando lagos na costa litorânea (Figura 1.7).

▲ **Figura 1.7** – Laguna originada em região tropical. Praia de Massarandupió (BA).

Água atmosférica

Constitui o elo fundamental e o mais dinâmico entre os reservatórios do sistema hidrológico. A quantidade de água nele contida é surpreendentemente pequena (0,041% do volume total de água da Terra, ou 0,05% do total de água doce do planeta). Medições atuais indicam que, se toda a água presente na atmosfera se condensasse em um determinado momento e se precipitasse repentinamente e de modo homogêneo na superfície do planeta, ocorreria a formação de uma lâmina de água de apenas 2 mm de espessura. Por outro lado, a troca diária de água entre a Terra e a atmosfera envolve um volume maior do que o permanentemente existente nessa última e formaria uma lâmina de água de aproximadamente 2,5 mm de espessura. Isso significa que, diariamente, se precipitam em média 2,5 mm de chuva, da mesma maneira que se evaporam 2,5 mm de espessura da água presente na superfície do planeta. O tempo médio de residência da água estimado para esse reservatório é de 10 dias, o que corresponderia na troca completa da água da atmosfera (ver Capítulo 2) cerca de 40 vezes ao ano.

Rios

Uma análise superficial da hidrosfera sugere que os rios representam as fontes mais importantes de água doce do planeta. Entretanto, uma análise detalhada revela que a quantidade de água contida nesse reservatório é muito pequena, isto é, da mesma ordem de grandeza daquela existente na atmosfera (0,044% do volume total da água do planeta).

A água flui nos rios a uma vazão média de 3 m^3/s e, embora o volume de água contido nos rios em um dado instante seja pequeno, seu volume total de água que escoa pelo planeta por meio dos rios é enorme. Dessa forma, diversos tipos de materiais terrestres entram em contato com a água por meio dos rios (ver **Capítulo 4**). Nesse particular, nenhum outro reservatório do planeta é tão importante no estabelecimento do modelado do relevo como os rios. Os vales fluviais são feições morfológicas características e inalienáveis das áreas continentais e constituem-se no elemento de adução das águas pluviais rumo aos oceanos (**Figura 1.8**).

Figura 1. 8 – Trecho em corredeira do Rio Ribeira de Iguape em Iporanga (SP).

Organismos vivos

A quantidade total de água contida nos seres vivos do planeta (animais, vegetais e homem) é também extremamente pequena quando comparada ao volume total da hidrosfera. Analogamente às águas dos rios e da atmosfera, a importância desse reservatório não está ligada às quantidades envolvidas, mas sim às taxas de transferência de água para a hidrosfera, que são muito importantes para o equilíbrio geral do sistema.

Os cálculos indicam que, em determinado intervalo de tempo, as plantas liberam uma quantidade de água para a atmosfera equivalente àquela drenada para os oceanos por todos os rios do planeta. Assim, nesse reservatório ocorrem altas taxas de transferência da água e com tempos de residência relativamente curtos, que podem variar de algumas horas em animais de sangue quente até poucos meses na maioria das plantas. Esses fatos evidenciam a importância da preservação da cobertura vegetal do planeta, bem como o impacto devastador que o desmatamento provoca no clima e na circulação geral de água na hidrosfera, caso os atuais ritmos dos desflorestamentos sejam mantidos. Estima-se que, durante a transpiração vegetal (perda de água pela planta para o ar em forma de vapor), para cada 1 ml de água liberada há um consumo de 539 calorias que são retiradas do ar; esse fenômeno ameniza as temperaturas locais ao mesmo tempo que transforma a floresta no maior termostato natural do planeta. Esse fato faz com que a Amazônia Equatorial possua uma temperatura média de 24 °C, oscilando entre 21 e 28 °C, situação bastante diferente da que ocorre nos desertos, onde as variações diárias chegam de 45 a 50 °C.

A magnitude da hidrosfera

A hidrosfera representa o mais importante sistema geológico atuante na superfície terrestre. A transferência das águas dos oceanos para a atmosfera é evidenciada pela formação de nuvens, que representam as mais conspícuas feições atribuíveis à água atmosférica.

A força gravitacional desempenha um importante papel no funcionamento da hidrosfera. Além de ser responsável para que a Terra não perca sua atmosfera, ela influencia decisivamente na precipitação da chuva, granizo e neve sobre os continentes no fluxo das drenagens, rumo aos oceanos. Além disso, a força gravitacional influencia no fluxo da água subterrânea das regiões montanhosas para as mais baixas, chegando até as regiões litorâneas.

O sistema hidrológico escavou o Grand Canyon na América do Norte e afeiçoou as montanhas do Himalaia na Ásia, bem como foi responsável pela construção dos deltas dos rios Doce (ES), Paraíba do Sul (MG-RJ-SP) e São Francisco (AL-SE), no Brasil, do Rio Mississippi, nos EUA, e o delta do Rio Tigre, na Argentina. A presença da água propiciou os ciclos glaciais-interglaciais do Pleistoceno, predominantemente no Hemisfério Norte; a escassez de água ensejou o desenvolvimento do Deserto do Saara, com seu relevo característico (ver **Capítulo 2**).

A magnitude do sistema também pode ser percebida nos volumes envolvidos.

Estima-se que um volume de cerca de 500 000 km^3 de água seja evaporado anualmente para a atmosfera (1 370 km^3/dia), dos quais cerca de 430 000 km^3 (86%) são provenientes dos oceanos. Do volume total evaporado, cerca de 110 000 km^3 (22%) precipita-se nos continentes, sob a forma de chuva, neve ou granizo. Desses, apenas pouco mais de um terço – 40 000 km^3 – flui rumo aos oceanos por escoamento superficial ou subterrâneo; os dois terços restantes, cerca de 70 000 km^3, evaporam-se, dos corpos d'água continentais e da vegetação, por evapotranspiração (água perdida da superfície terrestre pela transpiração das plantas e pela evaporação do solo e de outros corpos aquosos).

Caso os processos de transferência do sistema hidrológico fossem interrompidos, e a água não retornasse mais aos oceanos por precipitação direta ou pelo escoamento superficial e subsuperficial oriundo dos continentes, o nível do mar sofreria um rebaixamento de cerca de um metro por ano. Mantida a atual intensidade de evaporação, nessa hipótese, todas as bacias oceânicas estariam completamente ressecadas em um prazo aproximado de 3 mil anos. Esse fato pode ser claramente compreendido pelo que ocorreu durante o Último Máximo Glacial (UMG – cerca de 20 mil anos A.P.), quando o ciclo hidrológico foi parcialmente interrompido no Hemisfério Norte por causa do congelamento da água precipitada, originando imensas geleiras continentais que impediram o fluxo de retorno da água para os oceanos. Consequentemente, o nível médio relativo dos oceanos, em escala mundial, esteve durante esse período (UMG) cerca de 100 m abaixo do nível atual cujo término ocorreu há cerca de 10 mil anos.

Equilíbrio e sustentabilidade da hidrosfera

A água no planeta (ar, terra e mar) está presente nos seus três estados, sólido, líquido e gasoso, em todas as partes do planeta – ar, terra e mar. Diferentemente de outros planetas, a Terra é, até o momento, o único que apresenta grandes volumes de água no estado líquido em sua superfície. Nos planetas do Sistema Solar que são muito quentes (Vênus e Mercúrio, em sua face iluminada), a água existe somente no estado de vapor e, naqueles que são muito frios (Marte, Plutão, Urano e Júpiter), a água só pode existir no estado sólido (gelo). O vapor-d'água atmosférico é também um dos "gases estufa" responsáveis pela manutenção da temperatura média da superfície terrestre em cerca de 15 °C. Isso torna a Terra o único planeta em nosso Sistema Solar a exibir um ciclo hidrológico capaz de sustentar a vida como hoje a conhecemos.

Uma avaliação menos cuidadosa do sistema hidrológico da hidrosfera pode dar a falsa impressão de que a água é um recurso inesgotável na Terra. Entretanto, enquanto grande parte dos demais recursos naturais tem substitutos, o mesmo não ocorre com a água. A água é utilizada em várias atividades essenciais para o homem: irrigação, piscicultura, transporte, geração de energia, abastecimentos doméstico e industrial, além de lazer e recreação. Além disso, desde o início da Revolução Industrial, ela vem desempenhando o papel de receptora dos resíduos de atividades humanas diversas, que entram em conflito com os demais usos desse recurso natural (ver **Quadro 1.1**). Para melhor entendimento do problema, são abordadas a seguir algumas questões críticas relacionadas à hidrosfera.

Quadro 1.1 – Conflitos e sintonias dos usos da água na cidade de São Paulo

O aproveitamento hídrico na cidade de São Paulo data do início do século XX, época em que a cidade ainda era iluminada por candeeiros e lampiões.

O uso prioritário, na época, era para a geração de energia elétrica à cidade que viria a se tornar a maior da América Latina pouco tempo depois.

Em 1901, houve o início da construção, pela São Paulo Tramway, Light and Power Company, da barragem de Parnaíba, no Rio Tietê, no vizinho município de Santana de Parnaíba, e mais tarde foi rebatizada com o nome de Edgard de Sousa. Em 1909 foi construído o Reservatório de Guarapiranga com a finalidade exclusiva de regularizar a vazão de água para a Usina Hidrelétrica de Parnaíba. Uma segunda hidrelétrica, a Usina de Sorocaba, foi construída em 1914 no rio homônimo, sendo mais tarde rebatizada com o nome de Itupararanga. A capacidade total instalada correspondia então a cerca de 25 000 kW.

A partir de 1920, em razão de seu rápido crescimento, São Paulo era conhecida como a "Chicago" da América do Sul, sendo já a segunda maior cidade brasileira. Nem mesmo o isolamento físico e político, imposto à cidade com a irrupção da Revolução Constitucionalista de 1932, interrompeu seu crescimento. Essa região, no entanto, compreendendo a atual área urbana da Região Metropolitana de São Paulo (RMSP), não apresentava condições topográficas propícias à construção de barragens. As alternativas locais existentes, se construídas, seriam capazes de adicionar, juntas, apenas mais 40 000 kW. Embora insuficientes à geração de energia adicional tão necessária à crescente demanda, teve início, em 1924, a construção da barragem de Rasgão, também no Rio Tietê, a jusante da barragem de Edgard de Sousa. Em virtude dos primeiros sinais de uma grande estiagem que atingiu São Paulo, em janeiro de 1925 instituiu-se o primeiro racionamento de energia da cidade; em março desse ano, o fornecimento de energia foi cortado em cerca de 70%, o transporte público por bondes foi drasticamente reduzido, todas as casas de entretenimento foram fechadas, a iluminação pública foi extinta e as fábricas foram autorizadas a operar apenas três dias na semana.

Foi nesse quadro que entraram em cena dois dos maiores nomes da engenheira hidráulica mundial, F. S. Hyde e A. W. K. Billings, que conceberam o que viria a se tornar um dos mais ambiciosos e arrojados projetos de aproveitamento hidroenergético do mundo: o Projeto Serra, contemplando a produção de energia elétrica em instalação situada na Baixada Santista, município de Cubatão (Usina de Henry Borden), que se valeu do grande desnível (mais de 700 metros) da Serra do Mar. Não se tratava de um projeto convencional de aproveitamento hidráulico, uma vez que os reservatórios ficariam no topo da serra: um em sua vertente marítima, o Reservatório Rio das Pedras, construído em 1926, e outro na vertente continental – o Reservatório do Rio Grande, mais tarde rebatizado com o nome de Billings, construído em 1927, ambos interligados por um canal vencendo o espigão da serra. As águas represadas no topo do planalto seriam levadas por meio de dutos (*penstocks*) até as turbinas de Henry Borden, localizadas no sopé da Serra do Mar, em Cubatão, elevando a capacidade instalada para 156 000 kW.

Os principais usos da água na região metropolitana de São Paulo foram se modificando com o tempo, havendo mudanças à medida que ocorria o crescimento da cidade. A partir de 1930, ganhou corpo um segundo uso prioritário das águas na região: o abastecimento público. A represa de Guarapiranga passou a ser utilizada exclusivamente para essa finalidade, enquanto o conjunto Billings-Pedras destinava-se à produção de energia em Henry Borden.

O projeto original de Billings e Hyde previa ainda o desvio das águas do Tietê para o conjunto Billings-Pedras por meio do seu principal afluente na região, o Rio Pinheiros, em cujas cabeceiras fora construída a Represa Billings. Assim, as obras de implantação do "Desvio Tietê-Pinheiros-Billings", segunda etapa do Projeto Serra, garantiria a expansão da capacidade de geração em Henry Borden, mediante o fornecimento garantido e continuado de águas ao sistema, tendo sido finalizado em meados da década de 1950. O conjunto dessas obras contemplava a retificação do canal do Pinheiros, bem como a reversão do seu curso, a partir da implantação da Estrutura do Retiro, para controle de fluxo na confluência Pinheiros-Tietê, e de estações de recalque representadas pelas elevatórias de Pedreira (1939), construída no Reservatório Billings, e Traição (1940), construída entre o Billings e a confluência com o Tietê.

O Projeto Serra seria concluído, a partir de 1955, com o desvio das águas do Rio Juqueri pela construção da Barragem de Pirapora no Rio Tietê, logo a jusante da desembocadura do Rio Juqueri, entre as usinas de Rasgão e Edgard de Sousa, e a instalação, nesta última, de estação elevatória.

A capacidade total instalada do sistema alcançaria, então, 400 000 kW.

Decidiu-se como prioridade, nessa época, um terceiro uso importante das águas na metrópole: o controle das inundações por ocasião das cheias, que passaram a ser cada vez mais frequentes em razão dos processos de ocupação urbana. Essa priorização acabou por configurar o início dos conflitos pelo uso das águas na cidade, impondo restrições à finalidade original do conjunto das obras hidráulicas acima descritas, a partir da introdução, na década de 1960, de "volumes de espera" (de volumes mantidos sempre vazios) nos reservatórios Guarapiranga, Billings, Pirapora e Pedras, para atenuação das cheias, com evidentes prejuízos à geração de energia na Usina de Henry Borden.

O processo de urbanização da cidade provocou ainda um quarto e indesejável uso da água: diluição e transporte de efluentes, que levou à gradual e crescente degradação da sua qualidade. Na verdade, esse uso sempre existiu, mas não havia chegado a adquirir a importância observada a partir da década de 1970, quando a quantidade de poluentes, o lançamento de esgotos domésticos e industriais e a quantidade de lixo de toda a natureza passaram a ter como destino final as drenagens da região, reduzindo com isso a capacidade de absorção/depuração dos corpos d'água.

A Constituição do estado de São Paulo de 1989, em sintonia com os movimentos ambientalistas, determinou a suspensão do bombeamento das águas do Rio Pinheiros para a Represa Billings, tendo em vista a perspectiva de esgotamento da disponibilidade de água para o abastecimento público de água na região de São Paulo, sepultando praticamente o aproveitamento hidroenergético co projeto original da Usina Henry Borden. Deve-se ressaltar que a degradação dos recursos hídricos na RMSP não se deve ao projeto concebido por Hyde e Billings, mas primordialmente à ausência de captação e tratamento de esgotos e ao lançamento de poluentes diretamente nos corpos d'água da cidade. A melhoria das condições ambientais do Reservatório Billings ocorre, conforme se esperava, embora suas águas continuem impróprias para o consumo humano, em virtude do lançamento direto dos esgotos da população que reside nos seus entornos.

A proibição do desvio das águas do Rio Tietê acaba, no entanto, por penalizar as cidades do Médio Tietê, uma vez que a carga poluente gerada na RMSP, antes dividida com a Billings, passa a ter reflexos severos especialmente para os municípios à jusante das barragens de Edgard de Sousa e Pirapora, chegando a alcançar até Barra Bonita, cidade distante cerca de 250 quilômetros de São Paulo.

Disponibilidade

Mesmo globalmente renovável, a água é um recurso finito, particularmente naqueles países onde sua disponibilidade é condicionada sobretudo pelo clima. Embora a precipitação média de água na Terra seja de cerca de 900 mm por ano, ou 2,5 mm por dia, ela tem distribuição irregular sobre a superfície do planeta em especial sobre os continentes. Em alguns locais, as chuvas distribuem-se generosamente durante o ano; em outros, elas podem ocorrer de modo esporádico e torrencial. Cerca de $\frac{1}{3}$ do total da precipitação mundial ocorre sobre a América do Sul e o Caribe; menos de 1% ocorre sobre a Austrália. Por outro lado, o Deserto de Atacama, considerado a área mais seca do mundo e com precipitação nula por períodos superiores a 5 anos, localiza-se na América do Sul, uma das áreas mais úmidas do planeta.

As regiões do planeta com baixas precipitações, combinadas com elevadas taxas de evaporação, diminuem a disponibilidade desse recurso natural; a disponibilidade também pode sofrer flutuações entre as estações do ano e entre anos seguidos. Essa situação é particularmente preocupante no atual ritmo de crescimento da população humana, que hoje já atinge mais de 1 bilhão de pessoas que ocupam as regiões semiáridas do planeta. No continente africano é encontrada a pior situação do mundo. Lá a razão precipitação/evaporação é a menor que se conhece. Apenas 20% da água precipitada sobre a África abastece os rios, enquanto nos países da Europa ultrapassa 40%.

Distribuição

O escoamento superficial de 40 000 km³ de água sobre os continentes seria suficiente para suprir as necessidades de uma população mundial provavelmente até 10 vezes mais do que a atual. No entanto, a água de escoamento superficial não é uniforme no planeta assim como a distribuição das precipitações. No México, por exemplo, metade das águas de escoamento superficial está concentrada em menos de 10% da área do país e os 90% restantes constituem regiões muito secas. Fato semelhante ocorre no Brasil, que, embora seja detentor de cerca de 13,7% das reservas mundiais de água doce, sua distribuição também não é uniforme no país. O Brasil, assim como Uruguai, Paraguai e Argentina, possui também o maior reservatório de água subterrânea do mundo, o Aquífero Guarani. Apesar desse imenso potencial, regiões com enormes taxas ocupacionais, como o estado de São Paulo, detêm apenas cerca de 1,6% da reserva total de água doce do país. Por outro lado, cerca de 70% dessa reserva encontra-se na região amazônica, servindo apenas para 7% da população do país, em forte contraste com a Região Nordeste, por exemplo. A Região Metropolitana de São Paulo, em função do crescimento urbano desordenado, acelerou enormemente a crescimento demográfico, com consequente contaminação de seus principais mananciais, comprometendo seriamente nos últimos anos o abastecimento de cerca de 20 milhões de habitantes, vendo-se na contingência de "importar" água de bacias hidrográficas vizinhas, como as dos rios Paraíba do Sul e Piracicaba (ver **Quadro 1.2**).

Quadro 1.2 – Transposição de águas para abastecimento público

A cidade de São Paulo, a maior da América Latina, experimentou, a partir dos anos 1930, crescimento vertiginoso das taxas de ocupação urbana. Suas principais consequências: a impermeabilização do solo, a ocupação de espaços de vocação natural e impróprios à urbanização, além do desmatamento, que expôs o solo à erosão e acelerou o transporte de sedimentos para seus principais reservatórios e cursos d'água, promovendo o seu assoreamento; a combinação destes fatores contribuiu decisivamente na ampliação das enchentes e alagamentos da cidade. A situação de superpopulação, aliada à não implantação em escala adequada de sistemas de interceptação e tratamento dos esgotos domésticos e industriais, que acabam por serem lançados nos afluentes dos rios que cortam a cidade (Tietê e Pinheiros) e das próprios reservatórios, representando um verdadeiro "atentado" à deterioração e redução da disponibilidade desse recurso hídrico, culminando com "importação" de água de outras bacias hidrográficas para fins de abastecimento público.

Em 1967, entrou em operação o Sistema Cantareira, um dos maiores reservatórios de água do mundo, que tem sua captação a partir de rios que alimentam a Bacia Hidrográfica do Piracicaba. As águas de quatro grandes reservatórios (Jaguari-Jacareí, Cachoeira, Atibainha e Juqueri) são interligadas por túneis e canais à Estação Elevatória de Santa Inês. Nessa estação, a água é bombeada até o Reservatório de Águas Claras, vencendo o obstáculo natural representado pela Serra da Cantareira (130 metros de recalque). Desse último reservatório, as águas fluem por gravidade até a maior Estação de Tratamento de Águas (ETA) da América Latina, conhecida como ETA do Guaraú, situada na Zona Norte da cidade, que produz e distribui água potável para cerca de 55% da população da Região Metropolitana de São Paulo.

Poluição

A poluição da água constitui o mais sério problema ambiental para os países em desenvolvimento, tendo em vista os efeitos diretos no bem-estar humano e no crescimento econômico.

Os inúmeros estudos até agora realizados têm mostrado que as águas para consumo humano estão fortemente contaminadas por agentes patogênicos e, em muitas regiões, por compostos orgânicos e elementos potencialmente tóxicos, como alguns metais (chumbo, cádmio, arsênio etc). Os diversos eventos (nacionais e internacionais), realizados sobre o tema, com o "Fórum Mundial da Água", cuja primeira edição aconteceu em 1997, no Marrocos, tem mostrado que cerca de 1,1 bilhão de habitantes do planeta (um em cada seis habitantes) não tem acesso a uma fonte segura de água potável e cerca de 2,2 bilhões (um em cada três habitantes) não dispõem de saneamento básico. Estima-se que a exposição aos agentes patogênicos contidos na água seja responsável pela morte de cerca de 35 mil pessoas/dia (24 pessoas/minuto no que se conhece como "doenças hídricas"), o que representa a perda de cerca de 13 milhões de vidas por ano, das quais 4 milhões são crianças acometidas por diarreia, doença que pode ser facilmente tratada com medidas simples, como ministrar água com açúcar e sal (soro caseiro). Por outro lado, se houvesse comprometimento dos governos com o tema, a exemplo do que ocorre em muitos dos países desenvolvidos, que priorizam em suas agendas o saneamento básico, que inclui o abastecimento de água potável, a coleta e o tratamento adequado do esgoto, o manejo dos resíduos sólidos e das águas pluviais, a canalização de córregos etc., os quais, se tivessem sido implementados, teriam evitado muitas dessas mortes. Sabe-se hoje que mais de 1 bilhão de pessoas/ano adoecem em função de doenças de veiculação hídrica, causadas tanto por águas contaminadas como por vetores (mosquitos e moluscos) que habitam ou se reproduzem na água. Essas doenças representam 80% da totalidade das doenças diagnosticadas em seres humanos.

A poluição química ocorre em corpos de água sujeitos à contaminação por resíduos de fertilizantes, de pesticidas e de despejo de fluidos oriundos de indústrias químicas diversas, que são transportados por escoamento superficial em regiões de agricultura. Os fertilizantes estimulam a proliferação de algas aquáticas que, por sua vez, excretam toxinas durante seu metabolismo. Esse cenário, presente em muitos corpos de água, tem colocado em risco a sua capacidade de atuar como elementos de suporte à vida aquática, bem como à manutenção da produtividade pesqueira.

Estima-se que apenas 10% dos efluentes domésticos gerados no Brasil sejam submetidos a algum tipo de tratamento. O impressionante volume restante de 10 bilhões de litros é lançado diretamente em corpos de água todos os anos.

Gerenciamento inadequado do recurso

O volume total de água consumido pela humanidade quadruplicou após a Segunda Guerra Mundial. Em razão de seu caráter cíclico e de sua aparente superabundância, esse recurso tem sido usado com negligência em muitos países. Como foi mostrado anteriormente, cerca de 99,5% do volume total da água do planeta está contido nos oceanos e calotas glaciais polares, portanto em condições não diretamente acessíveis ao consumo humano. Grande parte do 0,5% restante encontra-se no subsolo como água subterrânea, onde está disponível ao homem apenas de modo parcial. O quadro atual da capacidade mundial de reservas hídricas indica que apenas 44% da água precipitada sobre os continentes encontra possibilidade de acumulação, sendo acessível por meio de reservatórios, barragens e sistemas de distribuição de água. Esses sistemas, entretanto, também não são distribuídos uniformemente no mundo, concentrando-se, principalmente, nos países desenvolvidos.

O conhecimento desses fatos deveria ser suficiente para que não houvesse descaso e falta de critérios na condução de projetos que afetem direta ou indiretamente a qualidade e disponibilidade da água como recurso, o que tem conduzido a terríveis situações de escassez e de contaminação. Vejamos dois exemplos que ilustram bem essa questão.

A região de Cherrapunji (Índia) constitui o deserto mais "úmido" do mundo: as precipitações chegam a 9 000 mm/ano – um recorde mundial – principalmente em função dos dois meses de ocorrência de chuvas associadas às monções. Entretanto, o desmatamento ilegal realizado a partir de 1970 vem causando a remoção da delgada camada de solo, que não retém mais as águas das fortes chuvas tropicais. Poucos meses após a estação chuvosa, a paisagem torna-se totalmente ressecada, consequência desastrosa da má gestão do recurso hídrico, situação na qual não foram convenientemente consideradas e respeitadas as inter-relações água, solo e vegetação. Atualmente, as águas pluviais fluem rumo à vizinha Bangladesh, onde causam inundações catastróficas.

O Canal do Panamá constitui outro exemplo de proporções semelhantes. Construído para reduzir a distância entre os oceanos Atlântico e Pacífico, por onde passam cerca de 12 mil navios/ano, a navegação é controlada por eclusas cujo nível é mantido por dois lagos artificiais que controlam o fluxo de água em direção aos dois oceanos. A água que possibilita o funcionamento do sistema provém das generosas chuvas tropicais que caem nas regiões montanhosas do Panamá. Entretanto, o desmatamento indiscriminado, também a partir da década de 1970, causou perda anual de milhares de hectares de solos, que foram carreados e colmataram os lagos e o canal, com a diminuição de sua profundidade útil. Comprometeu-se, também, a capacidade de retenção das águas das chuvas nas regiões montanhosas, que alimentavam os lagos artificiais durante os períodos secos. A navegação por meio do canal foi interrompida entre 1981 e 1982, o que ocasionou enormes prejuízos para o país. Atualmente, o funcionamento do canal ainda continua precário, sendo mantido pela dragagem constante dos sedimentos que chegaram até ele e dificultam a navegação.

Conflitos internacionais envolvendo água

Diferentemente de outros recursos naturais, como petróleo, carvão, solo e florestas, a água apresenta a peculiaridade de fluir pela superfície terrestre desde as altas montanhas até as baixas planícies e aos oceanos, ou de um país para outro, sem respeitar fronteiras geográficas.

O modo de utilizar água em um país pode afetar países vizinhos à jusante, havendo possibilidade de conflitos quando um deles passa a influir na quantidade de água que será usada pelo outro, da seguinte forma:

▶ diminuição da quantidade de água pela captação excessiva, por represamento ou, ainda, por desvio parcial do curso do rio, reduzindo a disponibilidade de água para usos diversos;
▶ poluição da água, com sérios prejuízos ao consumo humano ou até agrícola; ou
▶ aumento de vazões liberadas de reservatórios, causando inundações à jusante.

A ocorrência de situações dessa natureza propicia condições de conflito entre as nações, que podem levá-las até ao confronto militar. Há inúmeros exemplos de guerras entre nações que foram travadas com a finalidade de se apropriar de bens minerais, como do petróleo ocorrido no Oriente Médio durante o século XX. A água no futuro será motivo de muitos conflitos, conforme já alertam muitos especialistas.

Considerando as bacias hidrográficas internacionais (47% das terras emersas), nota-se que elas correspondem a 75% da área total de mais de 50 países, os quais contêm cerca de 40% da população mundial, contingente totalmente dependente de cooperação mútua dos países que dividem o recurso para garantir suprimento com qualidade consistente. Embora a situação atual venha acenando à melhoria geral desse quadro, a falta de tratados internacionais que regulamentem o uso compartilhado das águas tem ensejado um histórico de tensões, a exemplo do que ocorre com os rios Jordão, Tigre e Eufrates, no Oriente Médio, o Ganges, na Ásia, o Nilo, na África, os rios Colorado e Grande, na América do Norte, e o Rio Paraná, envolvendo Brasil, Paraguai e Argentina.

O barramento do Rio Colorado no estado do Arizona (EUA), para captação de água para irrigação, ocasionou diminuição de sua vazão de entrada no México e, além disso, propiciou o carreamento de quantidade excessiva de sais aos lençóis subterrâneos que alimentam o rio. O resultado foi um aumento da salinidade das águas que entravam no México, com grandes prejuízos à agricultura local, fato que obrigou os Estados Unidos a construírem uma usina de dessalinização (Usina de Yuma) para garantir que a água chegasse potável ao país vizinho.

A bacia dos rios Ganges e Bramaputra é compartilhada por Índia, Bangladesh, Nepal e Butão, onde 250 milhões de pessoas dependem do gerenciamento coordenado da bacia para a sua sobrevivência. Entretanto, o desmatamento indiscriminado nas terras altas do Nepal e Butão intensificou os processos erosivos nas cabeceiras da bacia e o assoreamento dos cursos de ambos os rios, colocando em risco a viabilidade de projetos de construção de barragens e de irrigação. A exposição de amplas parcelas de solo, além de aumentar a erosão, tem intensificado as enchentes. Durante a década de 1970, houve um período de quatro anos de elevada pluviosidade na região, que causou grandes inundações, promovendo a morte de cerca de 750 mil pessoas na Índia e em Bangladesh, além de bilhões de dólares em prejuízos materiais.

A barragem hidrelétrica de Itaipu, no Rio Paraná, construída pelo Brasil e Paraguai, originou um lago artificial com mais de 200 km de extensão, que retém água suficiente para inundar quase todo o nordeste da Argentina e sua capital, Buenos Aires, situados à jusante do lago. Embora a Argentina seja possivelmente a mais afetada pelos impactos do empreendimento, o país não foi consultado nem teve qualquer participação na definição e implantação do projeto.

No Oriente Médio, a água sempre representou um problema crítico, que tem sido agravado pelo aumento populacional. Há na região a necessidade de utilização de toda a água existente, seja ela superficial ou subterrânea. Muitos países da região planejam represar água dos principais rios para aumentar a produtividade agrícola por intermédio de sistemas de irrigação. A Síria pretende desviar 40% da vazão do Rio Jarmuque, o que causaria enorme redução do suprimento de água à Jordânia, bem como aumento de salinidade no baixo curso do rio, situado no país vizinho. A Jordânia, por seu lado, tem um acordo com o Iraque para transferência de água do Rio Eufrates. Esse rio representa o principal manancial para Síria e Iraque, que seriam, também, prejudicados por outro vizinho, situado a montante do rio, a Turquia, que com eles compartilha a bacia do Eufrates e do Tigre. Em 1990, a Turquia reduziu substancialmente a vazão desse sistema de rios para o enchimento do imenso reservatório da barragem de Atatürk, em prejuízo dos vizinhos. Em consequência da retenção de água por essa e outras barragens planejadas pela Síria, a vazão pode reduzir-se a um terço do normal em sua foz, no Golfo Pérsico. A Líbia, o Egito, o Sudão e o Chade dividem um imenso aquífero, que tem originado controvérsias entre esses países, motivadas, por exemplo, pela superexploração iniciada pela Líbia em meados da década de 1980, que já produziu sérias divergências entre eles. A bacia hidrográfica do Rio Nilo estende-se por aproximadamente 10% do continente africano, e os nove países banhados por suas águas estão experimentando prolongados períodos de escassez.

Os exemplos citados servem para ilustrar que a convivência pacífica entre os países dependerá, talvez em futuro mais próximo do que se imagina, da nossa responsabilidade diante da melhor preservação e do bom gerenciamento de um recurso natural imprescindível e extremamente vulnerável. O homem pode sobreviver até vinte dias sem comer, mas dificilmente consegue sobreviver mais do que três dias sem beber água. A nossa postura diante das questões aqui abordadas influenciará decisivamente o futuro do *Homo sapiens* no planeta. Mas pode significar também sua extinção.

Revisão de conceitos

1. Descreva conceitualmente o sistema hidrológico e indique a fonte de energia responsável pelo seu funcionamento.
2. Apresente e justifique o tempo de residência da água nas geleiras.
3. Por que o tempo de residência da água nos rios é tão curto?
4. Compare os reservatórios denominados "atmosfera", "rios" e a porção das águas subterrâneas responsável pela umidade do solo.
5. Qual é a importância dos reservatórios de água "oceanos" e "geleiras" na manutenção do equilíbrio ambiental do planeta?

GLOSSÁRIO

Água de infiltração: É a água que se infiltra no solo ou em uma rocha. Representa a água que alimentará os reservatórios de água subterrânea.

Água subterrânea: É a água existente abaixo da superfície do solo.

Aquíferos subterrâneos: São regiões de acumulação de água em subsuperfície (água subterrânea). Quando a reserva acumulada é passível de ser explorada, representa um reservatório de água (exemplo: Aquífero Guarani).

Assoreamento: É a acumulação de sedimentos em uma bacia de drenagem ou um reservatório, com consequente perda da capacidade para reserva de água. Em áreas urbanas, esse acúmulo pode se dar pela disposição inadequada de lixo e entulho, que acabam por ser carreados pelas águas de chuva às drenagens naturais ou aos reservatórios.

Bacia hidrográfica: Área total de captação de águas que inclui diversos rios, em que um deles é o rio principal e os outros, seus afluentes. O rio principal flui para um determinado ponto, que pode ser um lago, um oceano ou outro rio.

Biosfera: É toda forma de vida no planeta, cuja constituição é primordialmente feita por água.

Cavernas: São cavidades produzidas pela ação da água em rochas que acabam por solubilizar-se, gerando cavidades de métricas a quilométricas.

Ciclo hidrológico: É a troca contínua de água na superfície da Terra – desde sua evaporação nos oceanos (maior superfície aquosa do planeta) até seu deslocamento na atmosfera, precipitação nos oceanos e continentes (rios, lagos, geleiras, solo e subsolo-água subterrânea) e as inter-relações entre esses diversos ambientes.

Deltas: Áreas de deposição de sedimentos fluviais formados na desembocadura de rios, e que são retrabalhados pela ação marinha. Em planta, possui forma geralmente em leque. Na região do delta, o rio principal divide-se em vários afluentes, podendo estender-se

para além dos limites da costa, resultando em depósitos não removíveis pela ação de ondas, marés e correntes.

Diferenciação: Processo por meio do qual planetas e satélites desenvolvem camadas concêntricas ou zonas de composição química e mineralógica diferentes.

Escoamento superficial: É o deslocamento da água na superfície de um terreno. Geralmente, em áreas impermeabilizadas (cidades), onde o escoamento superficial é potencializado.

Estações de recalque: Instalações hidráulicas que captam água e a elevam, por bombeamento, a um reservatório situado em cota topográfica mais elevada.

Evapotranspiração: É a perda de água do solo por evaporação e a perda de água da planta por transpiração.

Exutório: É o ponto (local) em uma bacia hidrográfica pelo qual passa a água de todos os rios que fluem nessa bacia.

Geleiras: Grandes massas de gelo, normalmente apresentando evidências de fluxo, passado ou presente. Origina-se pelo acúmulo de neve em depressões, existentes acima da linha de neve perene, ou nos polos, regiões do planeta de menor incidência da radiação solar.

Hidrosfera: O conjunto das águas do planeta, incluindo as dos oceanos, lagos, rios, geleiras e neve e aquelas existentes abaixo da superfície do terreno, nas zonas de aeração e saturação dos solos. Vários autores divergem acerca da inclusão ou não da água presente na atmosfera. Estão excluídas as águas presentes nos minerais (litosfera) e nos seres vivos (biosfera).

Litosfera: A porção rochosa da Terra. Em termos tectônicos, corresponde à crosta mais a parte superior do manto superior e constitui um conjunto rochoso que flutua sobre a astenosfera.

Poros: São espaços vazios existentes entre partículas ou grãos minerais em solos e rochas, particularmente nas rochas sedimentares, que podem ser ocupados por um fluido (ar, água ou óleo, por exemplo).

Reservatório: Indica a acumulação de algum produto. Neste caso trata-se de acumulação de água em seus diferentes estados físicos (gasosa, líquida ou sólida).

Sedimento: Detrito rochoso oriundo da alteração da rocha preexistente, sendo transportado e depositado pelo ar, água ou gelo. Também pode ser originado a partir de precipitação química em corpos de água ou, ainda, de animais e vegetais após a morte.

Tempo de residência: Tempo médio em que uma determinada molécula de água fica retida em um dos reservatórios do sistema hidrológico. Normalmente, ele é inversamente proporcional à velocidade de movimentação dentro dele.

Vazão: Volume da água que atravessa determinada seção de um rio em um certo tempo.

Referências bibliográficas

ACKERMAN, A. J. *Billings and Water Power in Brazil*: A Short Biography of Asa White Kenney Billings. Madison, the author / New York: ASCE, 1953. 128 p.

CHAHINE, M. T. *The Hydrological Cycle and Its Influence on Climate*. Nature, 359:373-380, 1992.

CLARKE, R. *Water*: The International Crisis. *Cambridge*: MIT Press, 1993. 193 p.

FALKENMARK, M. The Water Cycle. In: BRUNE, D. et al. (Eds.) *The Global Environment*: Science, Technology and Management. v. 1. Weinheim: VCH, 1997. 634 p.

HAMBLIN, W. K. *The Earth's Dynamic System*: A Textbook in Physical Geology. 5 ed. New York: MacMillan, 1989. 576 p.

_____; CHRISTENSEN, E. H. Earth's *Dynamic Systems*. 8. ed. New Jersey: Prentice Hall, 1998. 740 p.

HIRATA, R. Recursos hídricos. In: TEIXEIRA, W. et al. (Orgs.) *Decifrando a Terra*. São Paulo: Oficina de Textos, 2000. p. 422-444.

_____; VIVIANI-LIMA, J. B.; HIRATA, H. A água como recurso. In: TEIXEIRA, W. et. al (Orgs.). *Decifrando a Terra*. São Paulo: Companhia Editora Nacional, 2009. pp. 448-485.

KARMANN, I. Ciclo da água: água subterrânea e sua ação geológica. In: TEIXEIRA, W. et al. (Orgs.) *Decifrando a Terra*. São Paulo: Oficina de Textos, 2000. p. 113-138.

_____. Água: ciclo e ação geológica. In: TEIXEIRA, W. et. al (Orgs.). *Decifrando a Terra*. São Paulo: Companhia Editora Nacional, 2009. pp. 186-209.

VASCONCELLOS, M. C. *Usos múltiplos da água em São Paulo*. História e Energia/Departamento de Patrimônio Histórico, Eletropaulo, 1995. 5:20-135.

CAPÍTULO 2
A influência da atmosfera na superfície terrestre
Christine L. M. Bourotte e Eder C. Molina

Principais conceitos

▶ A atmosfera terrestre interage com oceanos, continentes, biosfera e tem papel importante no ciclo hidrológico da Terra.

▶ A atmosfera atual possui origem secundária e resultou da degasagem dos elementos voláteis aprisionados no interior da Terra durante sua formação inicial.

▶ A atmosfera terrestre apresenta uma estrutura definida a partir da superfície terrestre em direção ao espaço. Essa estruturação pode ser estabelecida com base na variação de temperatura ou na sua composição química.

▶ A atmosfera tem uma história complexa e sua evolução está fortemente ligada ao surgimento dos primeiros seres vivos no planeta.

▶ Na troposfera, camada mais próxima da superfície terrestre, as massas de ar que se deslocam são responsáveis pela geração dos ventos. Eles são formados pelas diferenças horizontais de pressão e temperatura.

▶ O deslocamento com maior ou menor intensidade das massas de ar na atmosfera do planeta também resulta das diferenças de densidade nessas massas de ar.

▶ A diferença de densidade da atmosfera é gerada pela maior ou menor incidência de energia solar sobre a superfície do planeta e pela diferença do albedo dos materiais terrestres de superfície (florestas, rios, lagos, desertos, geleiras na parte continental e superfície de água salgada dos oceanos).

▶ O movimento dessas massas de ar promove o transporte de grandes volumes de materiais, principalmente areia fina e poeira: a primeira, por arrasto e a segunda, por suspensão.

▶ A ação dos ventos na superfície do planeta também é conhecida como ação eólica. Essa ação promove elevada seletividade granulométrica nos materiais transportados, alto grau de arredondamento e seletividade mineral (os materiais transportados e depositados são sempre constituídos de poucas variedades minerais ou de uma única; a areia do Saara, por exemplo, é composta essencialmente de grãos de quartzo).

▶ A ação dos ventos é mais efetiva nas áreas desérticas e menos efetiva nas áreas litorâneas. A presença de material inconsolidado e solto sobre a superfície de áreas desérticas favorece a erosão e o transporte desse material pelo vento.

▲ Campo de dunas formando lagos represados em Lençóis Maranhenses (MA).

Introdução

Ao longo deste capítulo, serão abordadas a origem e a evolução da atmosfera atual, sua organização, composição e a influência dos fenômenos meteorológicos, principalmente a ação dos ventos na superfície da Terra. Serão abordadas também suas características, causas e os efeitos observáveis nos dias atuais e no passado geológico do planeta.

A atmosfera terrestre pode ser considerada uma camada gasosa extremamente fina que circunda o planeta quando comparada com a atmosfera dos planetas externos do Sistema Solar. A espessura dessa atmosfera (~ 480 km), em comparação com o raio da Terra (~ 6 400 km), corresponde a menos de $\frac{1}{10}$ do seu raio. Mantida essa proporção, em uma massa de raio de 5 cm, a atmosfera terrestre seria representada por cerca de 0,4 cm, ou seja, cerca de quatro vezes a espessura da casca da mesma.

A Terra é o único planeta do Sistema Solar que possui uma atmosfera significativa; mas essa atmosfera é particular: ela pode ser qualificada como secundária.

A história da atmosfera

Na escala do tempo geológico, a Terra e sua atmosfera passaram por transformação contínua. A Tectônica de Placas é responsável por mover os continentes, formar as cadeias de montanhas e renovar o assoalho oceânico, enquanto processos ainda não totalmente compreendidos modificam o clima e as condições físicas que reinam na superfície do planeta.

Essa evolução é uma característica da Terra desde sua origem, há 4,55 bilhões de anos. A Terra não é o único planeta do Sistema Solar a possuir uma atmosfera, mas a atmosfera terrestre possui composição diferente da dos demais planetas do Sistema Solar. Ela é rica em nitrogênio (78%) e oxigênio (21%) e pobre em gás carbônico (0,03%), ao contrário das atmosferas de Vênus e Marte, que contêm 97% e 95% de gás carbônico, respectivamente.

Os gases predominantes no Sistema Solar são o hidrogênio e o hélio. Se a atmosfera da Terra tivesse sido constituída durante sua formação a partir dos gases presentes na Nebulosa Solar, ela seria primária e constituída de gases de composição cósmica, ou seja, similar à composição química dos gases do Sistema Solar, onde o hidrogênio e o hélio são predominantes. Contrariamente, esses gases leves são praticamente ausentes da atmosfera terrestre atual. Os planetas gigantes e externos, como Júpiter e Saturno, conservaram esses gases primordiais em sua atmosfera, ao contrário dos planetas internos do Sistema Solar, como Vênus, Terra e Marte, que possuem uma atmosfera de composição química muito diferente. A atmosfera dos planetas jovianos é primitiva. A forte atração gravitacional (massas elevadas) e a distância do Sol permitiram a retenção da atmosfera original.

Tabela 2.1 – Composição química da atmosfera de alguns planetas do Sistema Solar					
	Vênus	**Terra**	**Marte**	**Júpiter**	**Saturno**
CO_2	96,5%	0,035%	95,3%		
N_2	3,5%	8%	2,7%		
O_2	traços	20,9%	0,13%		
H_2O	0,5%	1%	0,021%		
He		5,24±0,004 ppmv		11%	11%
H_2		0,5 ppmv		89%	89%
	0,015% SO_2	0,93% Ar	1,6% Ar, 0,08% CO	0,2% CH_4, 0,02% NH_3	0,3% CH_4, 0,02% NH_3

▲ ppmv = parte por milhão (10^{-6}) em volume.

Como se pode ver na **Tabela 2.1**, as atmosferas dos chamados planetas internos do Sistema Solar (Terra, Marte, Vênus e Mercúrio) são muito pobres em hélio e hidrogênio quando comparadas com as dos planetas gasosos externos. O gás carbônico é o principal gás das atmosferas de Vênus e Marte. A atmosfera de Vênus, que também tem dióxido de enxofre, é particularmente corrosiva.

Diante dessas constatações, pode-se perguntar: como a atmosfera terrestre se formou? Ela sofreu alguma evolução?

Os planetas internos (Terra, Vênus, Marte e Mercúrio) foram formados pela colisão de milhares de corpos planetários, similares, por exemplo, a certos meteoritos que hoje ainda atingem a Terra.

Sob o efeito do calor armazenado pelos planetas durante sua formação e do aquecimento por causa da desintegração radioativa, eles se diferenciaram, propiciando uma redistribuição dos elementos químicos no interior e na superfície dos mesmos. Após a diferenciação desses planetas, da Terra inclusive, em núcleo, manto e crostas continental e oceânica, gases escaparam do interior dos mesmos e formaram uma atmosfera inicial. A **Figura 2.1** ilustra de forma esquemática essa evolução.

Assim, em função dessa diferenciação, é possível considerar dois principais momentos de sua evolução: o da constituição de uma atmosfera cósmica e o da formação de uma atmosfera redutora.

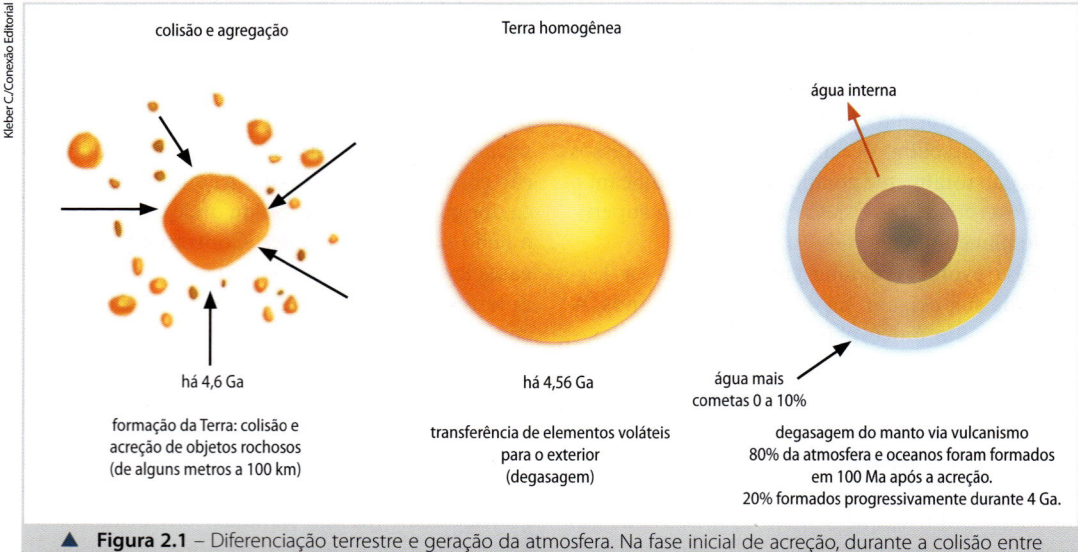

▲ **Figura 2.1** – Diferenciação terrestre e geração da atmosfera. Na fase inicial de acreção, durante a colisão entre grãos menores e depois de unidades maiores (planetesimais), gases e líquidos foram aprisionados e reagiram com os materiais sólidos. Foram em parte liberados, pela atividade vulcânica ocorrida na superfície do planeta, novos gases, e água provinda da queda de cometas também foram incorporados na atmosfera primitiva. 1 Ga é igual a 1 bilhão de anos. Fonte: modificado de Press e Siever (2005).

Atmosfera cósmica

A primeira atmosfera formada no momento da individualização dos planetas era constituída quase totalmente de hidrogênio e hélio. Esses dois gases, ainda presentes nos planetas gigantes e externos do Sistema Solar (Júpiter e Saturno), foram expulsos pelo vento solar dos planetas pequenos e internos do Sistema Solar e se concentraram nas suas regiões mais externas e frias.

Atmosfera redutora

Há cerca de 4 bilhões de anos, a crosta silicática era submetida a intensa atividade vulcânica e a intenso bombardeamento de meteoritos. Com resultado, a Terra sofreu uma intensa degasagem. Esse processo ocorre ainda hoje, quando um vulcão entra em erupção e libera gases (**Figura 2.2**). A história da atmosfera é em parte reconstituída a partir do estudo de isótopos de gases raros (hélio, argônio, xenônio), que são quimicamente neutros, ou seja, não reagem com outros elementos. Assim, a interpretação dos resultados obtidos a partir de medidas realizadas nos gases aprisionados nas rochas das dorsais mesoceânicas (testemunhos do manto) mostrou que 80 a 85% da atmosfera era constituída de gases provindos da degasagem do planeta durante o primeiro milhão de anos, ou seja, foi formada de maneira precoce e rápida, e o resto foi liberado lentamente durante os 4,4 bilhões de anos restantes.

Na atmosfera primitiva, o dióxido de carbono e o nitrogênio eram os gases predominantes. Outros gases estavam presentes, mas em pequenas quantidades, como metano, amônia, dióxido de enxofre e ácido clorídrico. Não havia oxigênio livre. A Terra, mais densa e menor que o planeta original, reteve essa atmosfera, que era comparável à atmosfera atual de Vênus, embora mais rica em vapor-d'água.

▲ **Figura 2.2** – Vulcão Tungurahua (no Equador) em erupção. Ilustra a continuidade da degasagem da Terra ainda hoje.

Formação da hidrosfera e suas consequências

A Terra primitiva foi aos poucos se esfriando, e o vapor-d'água começou a se condensar à medida que a temperatura diminuía. Os gases atmosféricos se dissolveram nas águas que se precipitaram e formaram ácidos carbônico (H_2CO_3), nítrico (HNO_3), sulfúrico (H_2SO_4) e clorídrico (HCl), acidificando as mesmas. As chuvas ácidas alteraram quimicamente a nova crosta terrestre silicática, o que resultou na formação dos primeiros solos e sedimentos. Essas reações químicas começaram a mudar a composição química da atmosfera, principalmente no que diz respeito à incorporação de CO_2.

Assim, o ciclo hidrológico e a formação dos oceanos primitivos influenciaram significativamente a evolução do planeta. As principais consequências foram:
▸ a dissolução dos sais minerais e dos gases atmosféricos (CO_2, NH_3, CH_4, etc.);
▸ a formação de jazidas minerais;
▸ o início dos processos de erosão e de sedimentação e, consequentemente, a formação de rochas sedimentares.

A partir de 4,03 bilhões de anos, Hadeano (entre 4,55 a 3,85 Ga), Éon que precede o Arqueano (entre 3,55 a 2,8 Ga), a luminosidade do Sol correspondia a 75% da luminosidade atual. Se a composição da atmosfera fosse semelhante à composição atual, a Terra teria sido uma bola de gelo. Uma atmosfera mais rica em gases de efeito estufa (CO_2, vapor-d'água, principalmente, metano, amônia, no início do Arqueano, teria mantido a temperatura da Terra em torno de 60 °C negativos. Não havia oxigênio livre. O acúmulo constante de CO_2 teria provocado um aumento da temperatura em virtude da acentuação do efeito estufa, como ocorre em Vênus. O estoque de CO_2 aconteceu mediante a precipitação de carbonatos ($CaCO_3$) e o depósito de matéria orgânica primitiva, progressivamente estocada nas rochas sedimentares. Essas rochas, por sua vez, foram e continuam sendo recicladas por meio dos processos da Tectônica de Placas, e parte do dióxido de carbono reintegra a atmosfera por meio do vulcanismo, iniciando um ciclo e regulando o CO_2 atmosférico, o que promove a manutenção do efeito estufa favorável à presença de água líquida na superfície do globo. Dessa forma, existe uma relação entre as concentrações de CO_2 na atmosfera e a Tectônica de Placas, pois elas podem variar em função da atividade tectônica do globo.

Não se sabe exatamente quando a vida apareceu na Terra, mas acredita-se que estava presente há cerca de 3,76 bilhões de anos, no início do Arqueano (entre 3,85 e 2,8 Ga), pois as rochas do Grupo Isua, na Groenlândia, testemunham a presença de bactérias. Entre as primeiras bactérias que apareceram na Terra, as vermelhas e as verdes eram capazes de oxidar o enxofre reduzido (S^{2-} na pirita FeS_2, por exemplo) para sulfato (SO_4^{2-} na anidrita $CaSO_4$, por exemplo). Essas bactérias foram, portanto, responsáveis pela dissolução de sulfatos na hidrosfera. A produção do oxigênio livre começou com o aparecimento de bactérias capazes de realizar a fotossíntese, as cianobactérias ou algas verde-azuladas, que estão presentes como fósseis em rochas sedimentares a partir de 3,5 bilhões de anos atrás. A produção de oxigênio teria sido mínima no Arqueano, mas aumentou no Proterozoico. Foi também no Arqueano que teve início a formação da camada de ozônio (O_3), a qual é capaz de proteger os seres vivos dos raios ultravioletas emitidos pelo Sol.

A **Figura 2.3** apresenta uma síntese dos principais eventos ocorridos durante o Hadeano e o Arqueano.

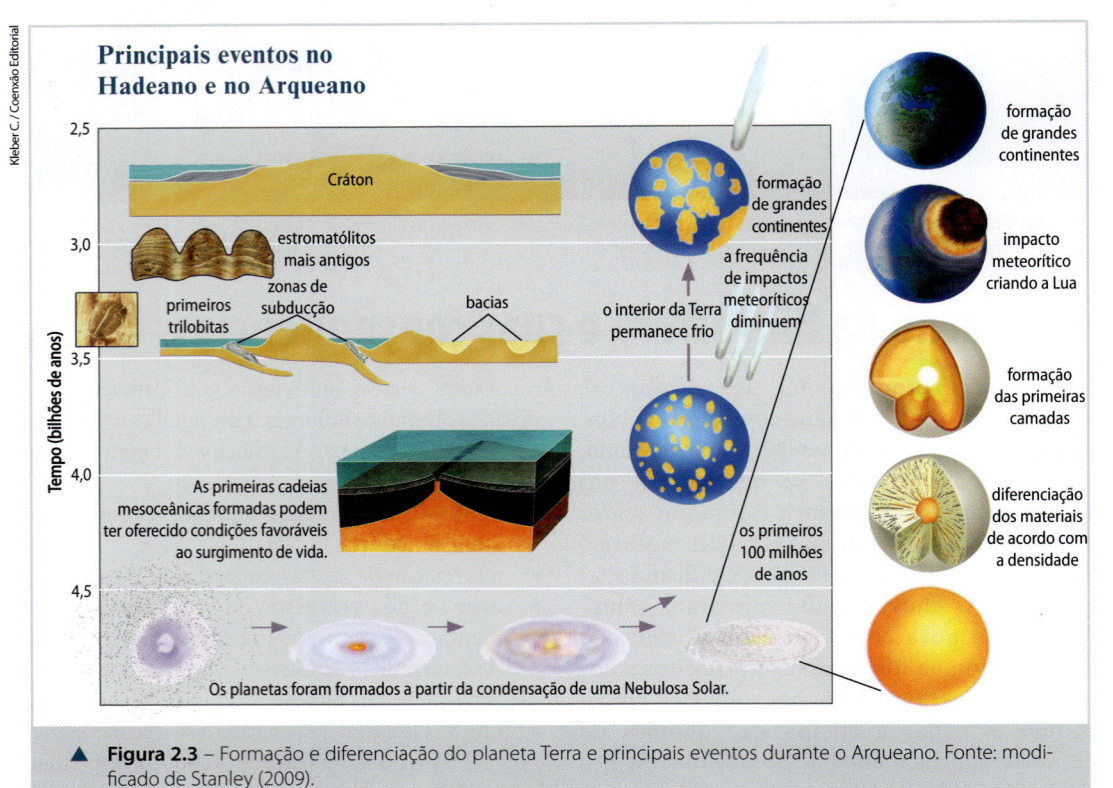

▲ **Figura 2.3** – Formação e diferenciação do planeta Terra e principais eventos durante o Arqueano. Fonte: modificado de Stanley (2009).

A oxigenação da atmosfera terrestre

No início do Proterozoico (entre 2,5 bilhões de anos a 540 milhões de anos), a produção de oxigênio livre era ainda baixa e a atmosfera possuía condições redutoras. Os estromatólitos, edifícios de carbonato de cálcio ($CaCO_3$) construídos pelas cianobactérias que apareceram no início do Arqueano (em torno de 3,5 bilhões de anos atrás), tiveram uma grande expansão no Proterozoico e contribuíram para a subtração do CO_2 atmosférico por meio da fotossíntese.

As temperaturas terrestres não foram constantes ao longo da história da Terra. A superfície do planeta sofreu uma alternância de períodos quentes e de períodos frios, que tiveram consequências significativas no ciclo hidrológico (ver **Capítulo 1**). Em períodos de aquecimento, a atmosfera contém cada vez mais vapor-d'água, o que provoca um aumento da precipitação pluviométrica sobre os continentes, elevando a alteração química dos silicatos, a produção e o aporte nos oceanos de espécies químicas (Ca^{2+}, HCO_3^-, SiO_2), a precipitação de $CaCO_3$ e a estocagem de carbono nos sedimentos e rochas sedimentares. Em resumo, esses processos significam a captação de carbono e a diminuição do CO_2 atmosférico, provocando uma redução do efeito estufa e um consequente resfriamento de temperatura. Em períodos mais frios, há menos vapor-d'água na atmosfera, o que provoca uma queda nas precipitações e, consequentemente, diminui a intensidade do intemperismo químico e da captação de CO_2 atmosférico. O carbono estocado nos sedimentos e rochas sedimentares volta para a atmosfera mediante a subducção da litosfera oceânica e o vulcanismo, o que provoca um aumento do efeito estufa e o retorno para um período mais quente.

Durante o Hadeano e todo o Arqueano, a atmosfera era redutora, o que vale também para a hidrosfera. A maior parte das águas do planeta era anóxica e com um enorme volume de ferro reduzido (Fe^{2+}) em solução. No início do Proterozoico, a liberação de oxigênio livre na atmosfera pela fotossíntese das cianobactérias oxidou as camadas superficiais da hidrosfera, transformando Fe^{2+} em Fe^{3+}, que, por não ser solúvel na água, se precipitou.

Assim, de −2,2 até 1,6 bilhão de anos, um volume muito grande de rochas sedimentares ricas em ferro na sua forma oxidada (Fe^{3+}) depositou-se. Essas rochas constituem as formações ferríferas bandadas (**Figura 2.4.**), de onde hoje 90% do ferro é extraído. A presença dessas formações de ferro indica o início da oxigenação da atmosfera-hidrosfera.

▲ **Figura 2.4** – Amostra de Banded Iron Formation (BIF) ou Formação Ferrífera Bandada, provinda da Formação Cauê, Supergrupo Minas, Quadrilátero Ferrífero (MG).

Em torno de 1,4 bilhão de anos, os eucariontes, novas células aeróbias com núcleo e capazes de realizar a fotossíntese de maneira mais eficiente que as cianobactérias, apareceram e tornaram-se responsáveis pela oxigenação rápida da atmosfera.

Assim, se a partir de 1,7 bilhão de anos o oxigênio começou a passar para a atmosfera, sua proporção aumentou lentamente: 2% em torno de 1 bilhão de anos, 5% somente em torno de 600 milhões de anos, 10% no Devoniano (400 milhões de anos), ou seja, a metade do seu teor atual (21%), atingido na passagem do Cretáceo Inferior para o Superior (100 milhões de anos) (**Figura 2.5**).

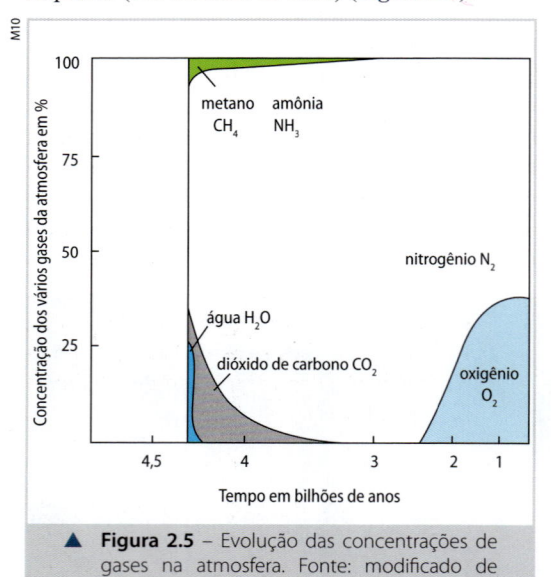

Figura 2.5 – Evolução das concentrações de gases na atmosfera. Fonte: modificado de Hamblin e Christensen (1998).

A atmosfera primitiva continha muita água, dióxido de carbono e, segundo alguns modelos científicos, amônia, metano e nitrogênio. Após o surgimento dos organismos vivos, o oxigênio, indispensável para a nossa sobrevivência, tornou-se predominante. Hoje, o dióxido de carbono, o metano e a água existem somente em quantidades infinitesimais na atmosfera.

O aumento do teor de oxigênio na atmosfera causa, assim como para a formação dos oceanos, consequências significativas para o futuro do planeta a saber:

▶ a oxidação, que era oceânica, passa a ser atmosférica e a uma atmosfera redutora sucede uma atmosfera oxidante, originando a formação das "camadas vermelhas" nos continentes a partir de 1,7 bilhão de anos e prosseguindo até que a maioria do ferro continental fosse oxidada;

▶ na alta atmosfera, torna-se possível a absorção dos raios ionizantes que provocam a transformação da molécula de oxigênio O_2 em ozônio (O_3). A ozonosfera que se formou há cerca de 1 bilhão de anos filtra os raios ultravioletas e os raios cósmicos, limitando novas sínteses orgânicas, mas favorecendo o desenvolvimento de seres vivos cada vez mais complexos;

▶ o processo de respiração, importante fonte de energia, principalmente para os animais, pode então ocorrer e favorecer a evolução dos seres vivos.

Portanto, o aumento da concentração de oxigênio começou brutalmente há cerca de 2,1 a 2,0 bilhões de anos e atingiu sua concentração atual há cerca de 1,5 bilhão de anos.

A composição da atmosfera atual

A atmosfera terrestre é essencial para a manutenção da maioria absoluta das formas de vida no planeta. Os principais constituintes de nossa atmosfera são o nitrogênio e o oxigênio, sendo que o terceiro gás mais abundante, o argônio, está presente em quantidades inferiores a 1% em volume, se considerarmos a atmosfera livre de vapor-d'água. A essa mistura acrescentam-se alguns gases traços (como o dióxido de carbono), gases raros (como o neônio, kriptônio e xenônio), hélio, metano, hidrogênio e outros compostos, como o ozônio (**Tabela 2.2**). A atmosfera terrestre contém ainda aerossóis, que são finas partículas líquidas e sólidas, como as cinzas oriundas de combustões industriais ou de queimadas, de poeiras constituídas de argilas ou de quartzo transportadas pelos ventos a partir de desertos quentes ou frios, de cinzas vulcânicas, de microcristais de sais, de esporos e grãos de pólen, de bactérias ou vírus etc. Esses aerossóis possuem papel importante na formação das nuvens e nos processos de absorção da radiação do Sol e da Terra.

Tabela 2.2 – Composição química média da atmosfera terrestre atual (o teor em vapor-d'água, muito variável, não foi levado em consideração)

Gás	Concentração em volume (ppmv)
Nitrogênio (N_2)	781 000 (78%)
Oxigênio (O_2)	209 500 (21%)
Argônio (Ar), neônio (Ne) e kriptônio (Kr)	9 400 (< 1%)
Dióxido de carbono (CO_2)	300 (0,03%)
Hélio (He)	5
Metano (CH_4)	1
Hidrogênio (H_2)	0,5
Ozônio (O_3)	0,07

▲ ppmv = parte por milhão (10^{-6}) em volume.

A concentração relativa dos principais constituintes da atmosfera terrestre é praticamente constante até uma altitude de aproximadamente 80 km; essa camada é denominada homosfera. Acima dos 80 km de altitude encontra-se a heterosfera, onde os componentes gasosos estão estratificados segundo seus pesos moleculares.

O componente gasoso de maior variação na homosfera, não considerando os efeitos da poluição atmosférica, é o vapor-d'água. Próximo à superfície, esse componente pode variar de 0 a 4% em volume e sua concentração decresce rapidamente com a altitude, podendo-se considerar que acima de 16 km não é encontrado vapor-d'água na atmosfera terrestre.

Assim, considerando as camadas mais próximas à superfície (os primeiros 16 km), pode-se dividir a atmosfera em três componentes principais: nitrogênio, que ocupa um volume de 76,9%; oxigênio, com 20,7% em volume; e vapor-d'água, com 1,4% em volume.

Os gases presentes nas camadas superiores da homosfera e intermediárias da heterosfera encontram-se ionizados, permitindo a caracterização de uma camada chamada ionosfera, que é muito importante para as telecomunicações, pelo fato de as ondas de rádio serem refletidas nela, podendo atingir pontos distantes no planeta. Em época de tempestades solares, a grande quantidade de partículas emitidas pelo Sol altera as propriedades da ionosfera, interferindo nas telecomunicações. Deve-se notar que a ionosfera é uma camada definida pelas propriedades de ionização dos gases, indo de 70 a mais de 700 km de altitude.

Distribuição da temperatura na atmosfera terrestre

A variação da temperatura com a altitude desempenha um papel fundamental nos processos atmosféricos.

De forma geral, verifica-se que a temperatura decresce sistematicamente com a altitude, atingindo o ponto de congelamento da água a uma altitude de apenas 2,3 km. Como a atmosfera é quase totalmente transparente à radiação solar, essa atinge diretamente a superfície da Terra, onde a maior parte é absorvida e uma fração é reemitida para as camadas inferiores da atmosfera, aquecendo-as. Isso permite que a temperatura nas proximidades da superfície atinja uma média de 15 °C, enquanto a 11 km de altitude a temperatura é de –56 °C.

O ar apresenta uma nova região de aquecimento nas camadas superiores da atmosfera, atingindo valores próximos de 0 °C a 50 km de altitude. Esse aquecimento é causado pela absorção da radiação ultravioleta proveniente do Sol pela camada de gás ozônio (O_3). Essa camada é bastante instável, sendo constantemente gerada e transformada na atmosfera, apresentando uma enorme capacidade de absorver radiação na faixa do ultravioleta.

Essa capacidade de absorção de radiação ultravioleta é tão pronunciada que, na parte superior da camada de ozônio, a 50 km de altitude, ocorre uma maior absorção de calor do que nas camadas mais baixas, onde sua concentração é maior. Percebe-se então que a distribuição vertical de temperaturas é governada pela absorção do calor proveniente do Sol em dois locais: na superfície terrestre e na camada de ozônio. Acima dos 50 km, não existe nenhum componente que absorva energia solar, e a temperatura volta a decrescer com a altitude até que, a 90 km, exista um novo aumento de temperatura, causado pela incidência direta da radiação solar.

As camadas atmosféricas podem então ser definidas em função do perfil de temperatura. A camada mais baixa e a mais importante para os fenômenos atmosféricos é a troposfera, onde a temperatura diminui com a altitude, desde a superfície terrestre até 12 km de altitude em média. Acima dela, está a estratosfera (onde os componentes se encontram estratificados), que se estende até o topo da camada de ozônio, a 50 km de altitude, e onde a temperatura aumenta com a altitude. Acima dela, na mesosfera, a temperatura diminui com a altitude até atingir os 85 km, onde se inicia a termosfera, que se estende até o espaço.

O topo de algumas dessas camadas possui nome característico: o topo da troposfera é chamado tropopausa; o da estratosfera, estratopausa; e o da mesosfera, mesopausa (**Figura 2.6**).

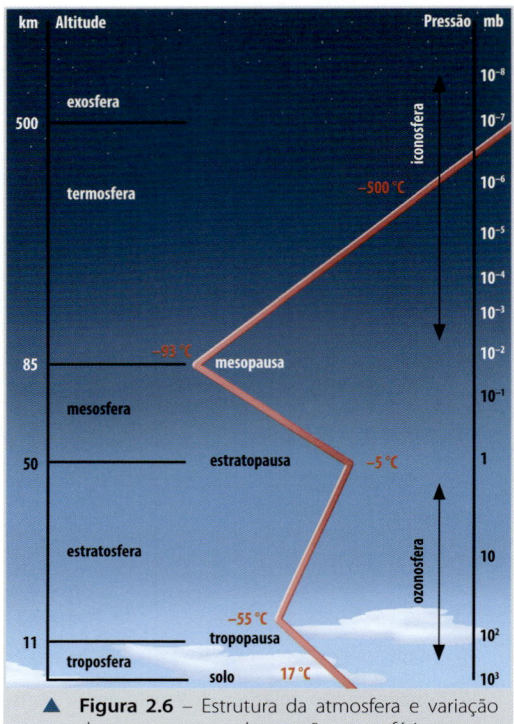

▲ **Figura 2.6** – Estrutura da atmosfera e variação da temperatura e da pressão atmosférica com a altitude. Fonte: modificado de Hamblin e Christensen (1998).

Pressão atmosférica

A pressão atmosférica é a força exercida em uma unidade de área pelos elementos que compõem a atmosfera. A massa de 1 m³ de ar na superfície terrestre é de aproximadamente 1 kg, e a pressão atmosférica normal no nível do mar é de 1013,25 milibars (mbar).

A pressão cai à metade do valor encontrado no nível do mar a uma altitude de 5,5 km, ou seja, os primeiros 5 km de atmosfera contêm quase metade da massa total da atmosfera terrestre. De forma similar, 90% da massa da atmosfera encontra-se abaixo de 16,5 km de altitude.

A pressão atmosférica decresce rapidamente com a altitude em razão de a massa da atmosfera ficar concentrada nas camadas mais baixas. O organismo humano, por exemplo, a 3 km de altitude, precisa de oxigênio suplementar para manter suas funções adequadamente. A pressão atmosférica também varia horizontalmente, e esse é o principal fator que determina a força dos ventos e as variações do clima. Se não forem considerados os tornados e os furacões, pode-se afirmar que a pressão atmosférica no nível do mar varia pouco, podendo oscilar normalmente entre 960 e 1050 mbar. O aquecimento desigual de diferentes regiões do planeta e a distribuição desigual de massas atmosféricas causam o aparecimento de sistemas de alta e baixa pressão, responsáveis pelos ventos.

As células de circulação atmosférica

O intenso aquecimento das regiões equatoriais pela ação do Sol é a fonte de energia para o movimento das grandes massas de ar. Quando o ar é aquecido nas regiões continentais ou sobre os mares nas regiões próximas ao Equador, ele tende a subir, por ser menos denso que o ar frio, até atingir o topo da troposfera, quando se espalha nas direções norte e sul.

Ao subir, a massa de ar das regiões equatoriais deixa uma região com falta de massa, e as massas de ar das regiões vizinhas da baixa atmosfera tendem a se deslocar para compensar essa deficiência de massa, gerando um padrão de circulação. Esse padrão é chamado de célula de circulação (**Figura 2.7**). Se a Terra fosse imóvel, uma única célula de convecção seria suficiente para liberar o excesso de energia na região intertropical. Mas a Terra gira e a força de Coriolis, por causa dessa rotação, promove a fragmentação das grandes células atmosféricas, que ligaria o Equador ao polo em cada hemisfério se a Terra fosse imóvel. Assim, adjacentes às células de circulação da região equatorial, encontram-se outras duas células em cada hemisfério, indo desde aquela região até os polos.

As células de Hadley (**Figura 2.7**) são caracterizadas pela forte ascensão de ar equatorial quente e úmido e a descida de ar seco nos trópicos. Mas uma parte do ar de origem tropical se movimenta em direção aos polos até as latitudes 50 a 60° N ou S, onde encontra uma corrente de ar polar fria, gerando uma frente polar acompanhada de muitas chuvas.

As células polares são caracterizadas por uma corrente de ar ascendente de origem tropical que desce nos polos.

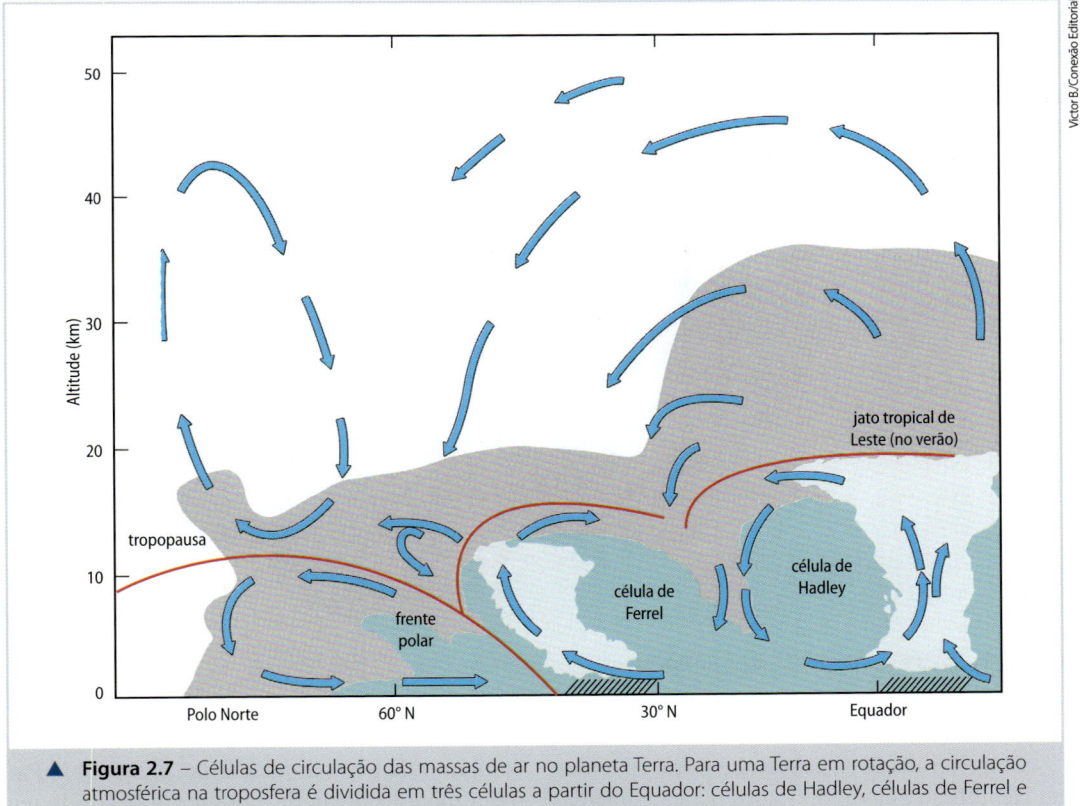

▲ **Figura 2.7** – Células de circulação das massas de ar no planeta Terra. Para uma Terra em rotação, a circulação atmosférica na troposfera é dividida em três células a partir do Equador: células de Hadley, células de Ferrel e células polares. Fonte: modificado de Hamblin e Christensen (1998).

Nas regiões onde as massas de ar se encontra em movimento ascendente, a pressão atmosférica no nível do solo diminui, formando assim um cinturão de baixa pressão que circunda todo o globo na região equatorial. Em contrapartida, cinturões de alta pressão são criados nas regiões onde as massas de ar se resfriam e apresentam movimento descendente. Esses cinturões de baixa e alta pressão apresentam um deslocamento para Norte ou Sul, dependendo das estações do ano.

A INFLUÊNCIA DA ATMOSFERA NA SUPERFÍCIE TERRESTRE

Os ventos

As diferenças de pressão atmosférica entre duas regiões vizinhas provocam um movimento horizontal das massas de ar, que chamamos vento. Normalmente, quanto maior for a diferença de pressão, mais forte será o vento. Poderíamos esperar que o vento, de forma geral, percorresse um trajeto retilíneo entre uma área de alta pressão e outra de baixa pressão. Isso não ocorre na prática por causa da rotação da Terra.

Um ponto no Equador terrestre move-se à velocidade de 1 700 km/h, ao passo que um ponto nos trópicos desloca-se a uma velocidade de 1 400 km/h. Não percebemos esse movimento porque tudo ao nosso redor está se deslocando com a mesma velocidade. A diferença de velocidade de uma região para outra na superfície terrestre é responsável pelo aparecimento de uma força chamada força de Coriolis.

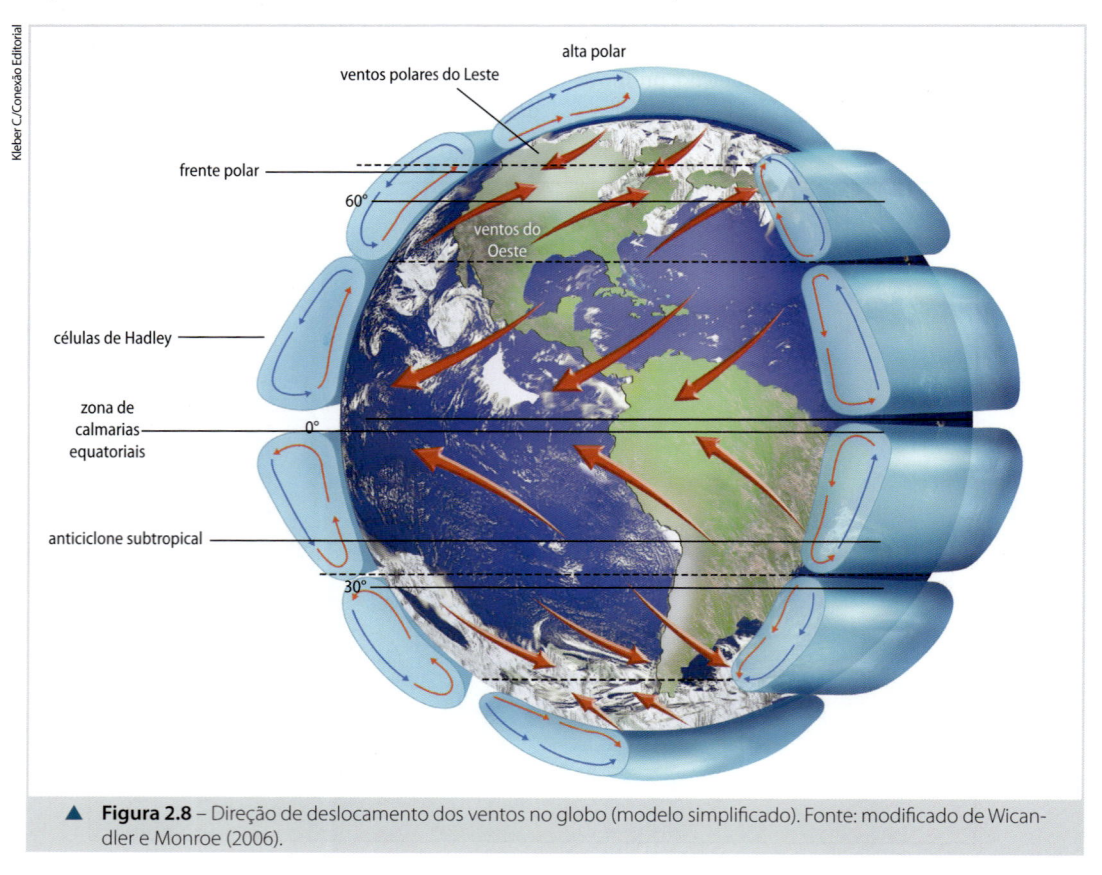

▲ **Figura 2.8** – Direção de deslocamento dos ventos no globo (modelo simplificado). Fonte: modificado de Wicandler e Monroe (2006).

Como resultado da ação dessa força, os ventos no Hemisfério Sul são desviados para a esquerda, enquanto os ventos no Hemisfério Norte são desviados para a direita. Na região do Equador não se observa esse desvio (**Figura 2.8**).

É interessante notar que não só os ventos sofrem a influência dessa força, mas também todos os elementos existentes na superfície terrestre. Durante a Primeira Guerra Mundial, um conjunto de bombas alemãs lançadas sobre Paris a uma distância de 110 km foi desviado em função da força de Coriolis a 1 km do alvo.

O movimento de massas de ar ocorre não só nas regiões próximas ao solo, mas também na alta atmosfera. A velocidade dos ventos aumenta com a altitude. Ela é menor no nível do mar e aumenta gradualmente até os 12 km de altitude, em média, onde é encontrada a corrente de jato (*jet stream*). Essa corrente de ventos circunda a Terra com velocidade típica de 130 km/h, mas podendo em alguns casos atingir até 550 km/h (**Figura 2.9**). Os pilotos de avião utilizam frequentemente a corrente de jato para aumentar a velocidade das aeronaves em relação ao solo, obtendo uma diminuição no tempo de viagem de acordo com a rota escolhida.

O *jet stream* subtropical encontra-se a cerca de 30° de latitude nos hemisférios Norte e Sul, enquanto na região polar ele se encontra a cerca de 60° de latitude, em ambos os hemisférios. São correntes sinuosas que seguem trajetórias mais ou menos paralelas aos círculos de latitudes (**Figura 2.9a**). Os ventos que circulam paralelamente ao eixo de rotação do planeta têm uma velocidade máxima na zona central (**Figura 2.9b**). Veja a seguir uma foto mostrando nuvens ao longo do *jet stream* (**Figura 2.9c**).

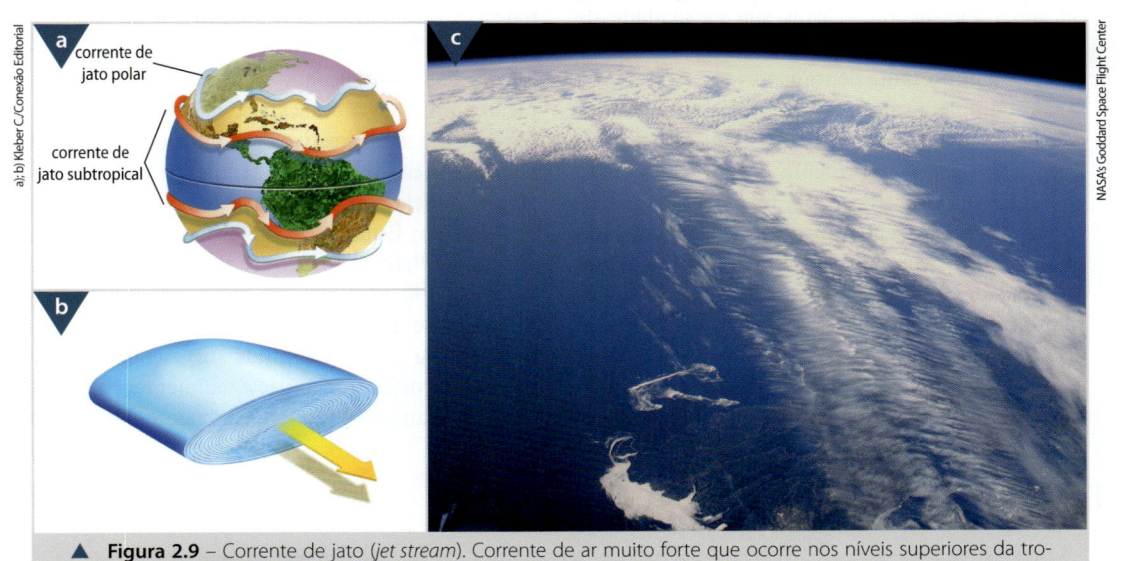

▲ **Figura 2.9** – Corrente de jato (*jet stream*). Corrente de ar muito forte que ocorre nos níveis superiores da troposfera. Círculos de latitude (a), esquema da velocidade máxima central (b), nuvens ao longo do *jet stream* (c). Fonte: modificado de Wicandler e Monroe (2006).

Os efeitos do deslocamento das massas de ar na superfície do planeta

O vento, resultado da interação das massas de ar de densidades diferentes, pode se deslocar na superfície da Terra com velocidades variadas, tendo características desde uma suave brisa até a formação de um furacão ou de um tornado. As regiões desérticas representam o ambiente onde esses efeitos são mais bem observados. Essas regiões são encontradas nas baixas latitudes, onde a precipitação pluviométrica quase sempre é muito baixa e as condições de evaporação são muito altas. Nesses locais, os processos de modificação do relevo, tanto por erosão como por deposição de materiais, são comandados pela ação dos ventos.

Desse modo, o vento pode transportar partículas desde a fração areia muito fina (fração argila) até poeira por milhares de quilômetros. Com a diminuição da velocidade das massas de ar, esses materiais depositam-se em áreas continentais ou oceânicas. A atividade do vento representa, assim, um conjunto de processos que incluem a erosão, o transporte e a sedimentação de partículas finas (areia, preferencialmente). Os materiais movimentados e posteriormente depositados nesse processo são denominados sedimentos eólicos.

Esse fenômeno ocorre também em uma considerável parte das áreas costeiras do planeta, e o registro mais significativo e conhecido são as formações de areia denominadas dunas. A ação do vento representa o agente menos efetivo dos agentes de erosão, transporte e sedimentação e muitas formas erosivas e sedimentares são creditadas erroneamente a ele. Dessa forma, mesmo nas áreas desérticas atuais, muitas formas da paisagem provêm da atividade da água corrente.

Desse modo, o vento não representa um agente erosivo efetivo no modelado global da paisagem da superfície da Terra. Mas sua capacidade de transportar areia fina e poeira o torna um agente geológico importante de transporte.

A completa ausência de água transforma Marte no melhor exemplo do Sistema Solar, onde a ação dos ventos representa o maior fenômeno eólico na sua superfície, com formação de extensos campos de areia transportados de um lado para o outro, em diversas porções desse planeta. Considerando, no entanto, o passado histórico da Terra, identifica-se, em tempos remotos, a existência de gigantescos desertos, colocando assim o movimento, a erosão e a deposição pelo vento como fenômenos importantes na evolução da superfície da Terra.

Atualmente, as regiões do planeta sujeitas à atividade eólica encontram-se nos desertos absolutos – locais onde a água é pouco abundante ou ausente no estado líquido. Desertos contendo água em outro estado, que não o líquido, têm como representantes o continente Antártico e a Groenlândia. Neles, a água encontra-se no estado sólido, formando espessas massas de gelo e neve. Nesses locais, não existe predomínio de grãos de areia e de poeira. Outras áreas desérticas compreendem regiões com ocorrência de precipitação pluviométrica anual baixa ou inexistente. Esses ambientes exibem elevada temperatura média, implicando também elevada evaporação com intensa atuação de ventos. Os desertos terrestres mais expressivos nessas condições são o Saara (África), o Atacama (Chile), o Gobi (Mongólia) e aqueles localizados na China, na Arábia, no sudoeste dos Estados Unidos e na parte central da Austrália (**Figura 2.10**).

De modo geral, os desertos mais expressivos localizam-se em baixas latitudes (entre 30° de latitude norte e 30° de latitude sul), sendo os processos de erosão, transporte e sedimentação nessas áreas comandados preferencialmente pela ação dos ventos.

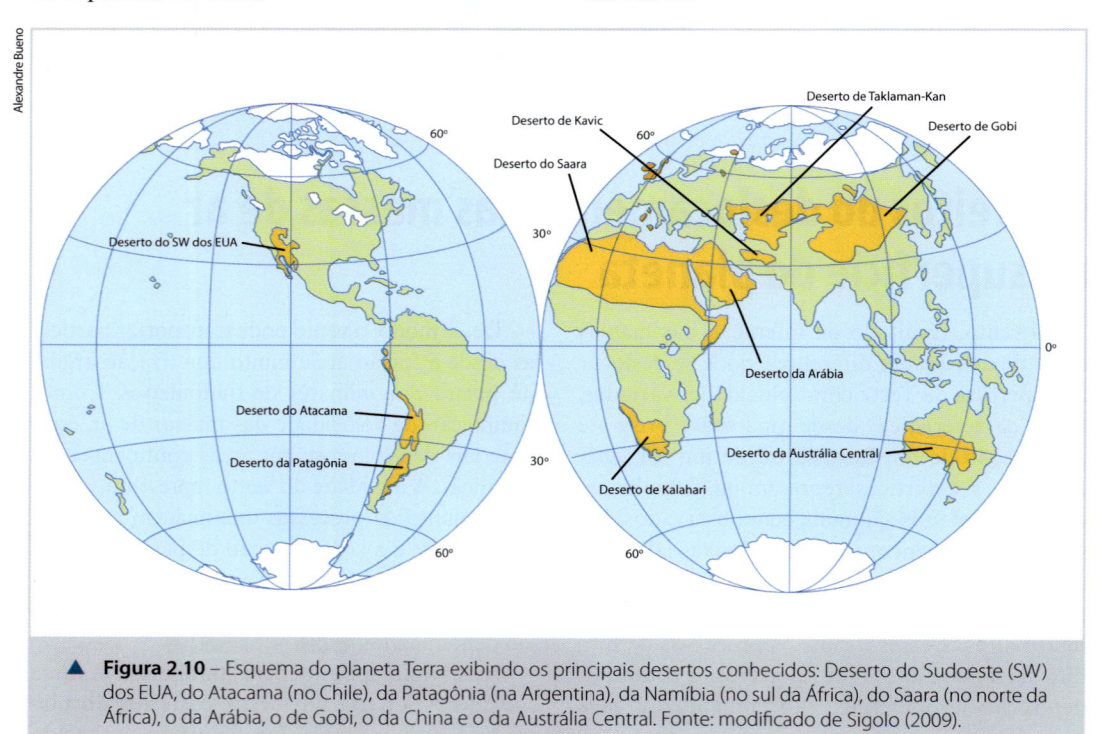

▲ **Figura 2.10** – Esquema do planeta Terra exibindo os principais desertos conhecidos: Deserto do Sudoeste (SW) dos EUA, do Atacama (no Chile), da Patagônia (na Argentina), da Namíbia (no sul da África), do Saara (no norte da África), o da Arábia, o de Gobi, o da China e o da Austrália Central. Fonte: modificado de Sigolo (2009).

Os mecanismos de transporte e sedimentação de partículas pelo vento

Ao movimentarem-se, as massas de ar ganham velocidade e dessa forma adquirem energia mecânica para transportar partículas. Torna-se evidente que, de acordo com a velocidade das massas de ar, essa competência de transporte modifica-se. Quanto maior for a velocidade do vento, maior será sua capacidade de transporte de materiais, variando de partículas até alguns objetos.

Por outro lado, a existência de anteparos naturais ou artificiais pode bloquear essa velocidade. Da mesma forma, um vento com velocidade de 34 km/h a 15 metros de altura do solo não terá a mesma velocidade em altitudes menores. Como exemplo, esse mesmo vento de 34 km/h situado, por exemplo, a 6 m do solo exibiria a velocidade de 31 km/h. Uma floresta como anteparo natural também inibe a velocidade do vento, bem como edificações urbanas. Todas essas formas de anteparo limitam a velocidade do vento até determinada altitude. Desde cadeias de montanhas a elevações como colinas interferem diretamente no movimento de massas de ar. A Cadeia Andina, por exemplo, com seus quase 8 mil quilômetros de extensão e altitude média de cerca de 4 mil metros, serve de anteparo natural para controlar as massas de ar frio provindas do Polo Sul.

Diversas classificações de ventos e de massas de ar, considerando as suas velocidades relativas ao solo, são encontradas na literatura específica sobre esse tema. Uma das mais simples e conhecida é a escala de Beaufort. Nela, a velocidade dos ventos varia de calmaria, com velocidade de 1,5 km/h, até brisa leve, com velocidades entre 6,1 e 11,1 km/h, a um limite máximo de furacões, com velocidades superiores a 64,8 km/h.

Como as partículas se movimentam?

De modo geral, os fluidos deslocam-se segundo dois tipos de movimento: um denominado turbulento (**Figura 2.11**) e outro denominado laminar (**Figura 2.12**). As massas de ar, por serem fluidos, podem deslocar-se segundo esses dois tipos de movimento. Se o deslocamento das massas de ar se faz distante da superfície terrestre ou de barreiras naturais ou artificiais, o movimento dessa massa tenderá a ser laminar.

Por outro lado, será turbulento quanto mais próximo estiver da superfície ou de barreiras. Considerando apenas esses dois tipos de movimento, poeira, areia e partículas maiores serão transportadas por esses tipos de movimento, embora a ação de transporte, erosão e sedimentação de partículas pelo vento resulte quase sempre do movimento turbulento das massas de ar.

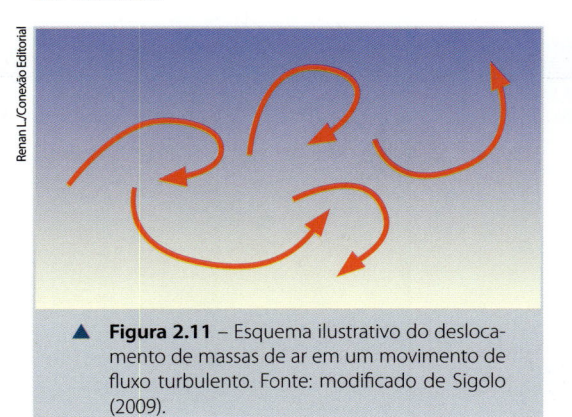

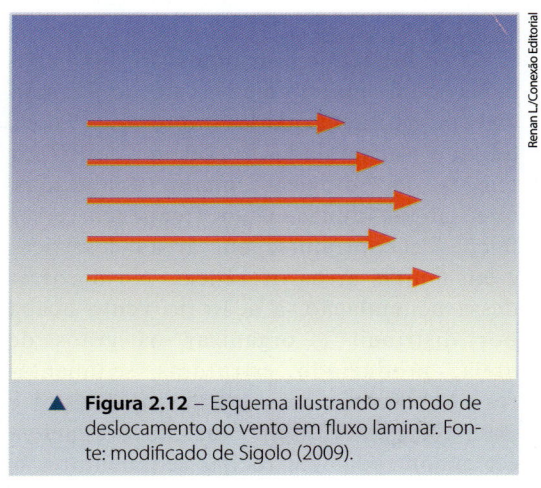

▲ **Figura 2.11** – Esquema ilustrativo do deslocamento de massas de ar em um movimento de fluxo turbulento. Fonte: modificado de Sigolo (2009).

▲ **Figura 2.12** – Esquema ilustrando o modo de deslocamento do vento em fluxo laminar. Fonte: modificado de Sigolo (2009).

Como são e como podem ser transportadas as partículas de poeira?

A escala granulométrica de Wentworth permite classificar as partículas conforme seu tamanho. Assim, partículas menores que 0,125 mm de diâmetro são consideradas poeira, que podem compreender frações de areia muito fina, silte e argila. Essas são as menores frações granulométricas trabalhadas pelos agentes de transporte em geral e compreendem o maior volume de material transportado e depositado pelos ventos. Depois de deslocadas, essas partículas podem permanecer em suspensão. Essas permanência depende do tipo de fluxo e da velocidade da massa de ar. Mantidas essas condições, por longos períodos de tempo, as partículas podem ser transportadas por grandes distâncias. O caso descrito acima delimita o tipo de transporte de partículas denominado suspensão eólica. Partículas transportadas nessas condições que se defrontam com obstáculos, representando resistência ao vento, geram nesse caso, intensa turbulência em seu entorno e promovem a deposição das partículas em suspensão não muito distantes do obstáculo que produziu a turbulência.

Como são transportadas as partículas de areia?

Se as partículas são maiores que a poeira, elas sofrem um transporte mais limitado. Enquadram-se nesse caso a areia fina e a muito grossa (diâmetros entre 0,125 mm e 2 mm). Mantida a mesma velocidade para determinado vento, e no caso de o tamanho da partícula de areia ser média, grossa ou maior que isso, seu deslocamento será menor. Ainda assim, essas partículas sofrerão deslocamento em superfície, em processo de colisão umas com as outras, muitas vezes por meio de pequenos saltos. O movimento dessas partículas é chamado saltação (**Figura 2.13**).

O transporte e a acumulação das partículas com granulometria de areia não exibem particularidade importante, pois, quando acumuladas, podem constituir feições morfológicas muito conhecidas, que são as dunas. Com frequência essas feições encontram-se em áreas desérticas e em muitas áreas litorâneas. No decorrer dessa acumulação, a ação do vento acaba por distribuir e organizar os grãos de areia, produzindo estruturas sedimentares conhecidas como marcas onduladas e estratificação cruzada. Essas feições podem ser encontradas em rochas sedimentares e, quando preservadas, retratam o ambiente antigo de sua formação como registro geológico. Nesse caso, representam evidências inegáveis da ação do vento sobre acúmulos de areia no passado, permitindo muitas vezes reconstituir esse cenário do passado na história do local de ocorrência dessas rochas, definindo o que se chama de registro paleoambiental e paleogeográfico.

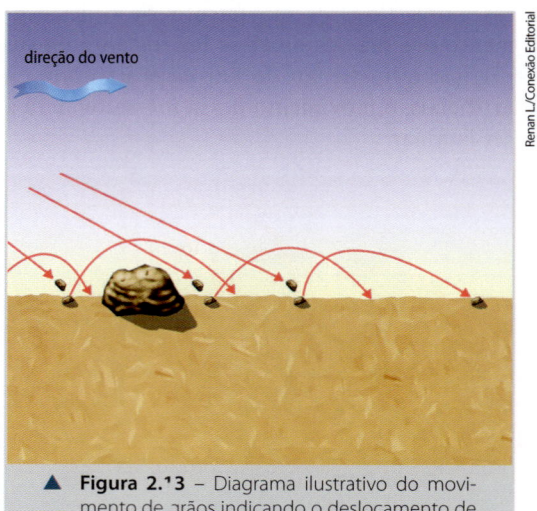

▲ **Figura 2.13** – Diagrama ilustrativo do movimento de grãos indicando o deslocamento de partículas de areia por saltação. Fonte: modificada de Sigolo (2009).

Como são transportadas as partículas maiores?

Partículas que se tocam acabam se deslocando como o indicado na **Figura 2.13**. Esse processo, além de causar fragmentação e desgaste, induz o movimento de partículas encontradas na superfície do solo. Grãos de areia com tamanho superior a 0,5 mm de diâmetro (areia grossa, areia muito grossa, grânulos e seixos) são comumente deslocados por esse processo, que é chamado arrasto (**Figura 2.14**). Esse deslocamento é menos importante em termos do volume de material transportado e pouco significativo do que o transporte de poeira e de partículas menores de areia por suspensão e saltação. Esse fato se deve principalmente à densidade dessas partículas maiores e ao atrito sofrido por elas com o substrato no qual se deslocam.

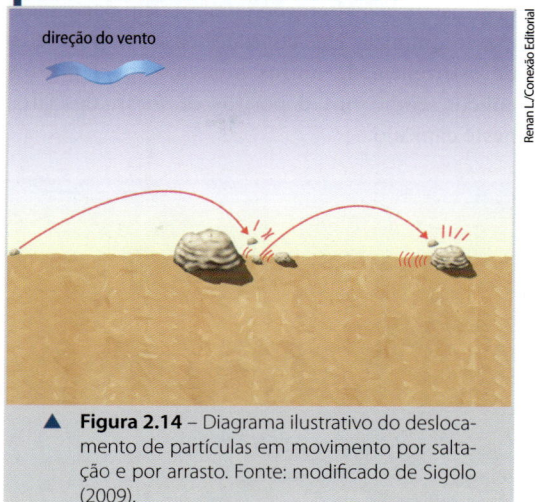

▲ **Figura 2.14** – Diagrama ilustrativo do deslocamento de partículas em movimento por saltação e por arrasto. Fonte: modificado de Sigolo (2009).

Registros deixados pela atividade do vento

Os mecanismos descritos acima permitem a identificação de formas de relevo e de trabalhamento por abrasão dos fragmentos tanto de um modo destrutivo (erosão) como construtivo (sedimentação).

O processo de colisão constante entre as partículas de areia fina, média, grossa e mesmo de partículas maiores estacionadas (seixos, blocos etc.), que funcionam como anteparos e oferecem resistência ao transporte, promovendo o seu desgaste e mesmo o polimento, em um processo denominado abrasão eólica. De modo isolado, o vento não é capaz de produzir esse efeito abrasivo nas partículas que ele transporta ou que colidem com obstáculos no seu caminho. Esse processo é mais efetivo no transporte de partículas com tamanho de poeira e areia. Esse mecanismo, chamado abrasão, se assemelha ao processo de "jateamento e polimento com areia", utilizado na indústria para limpar, polir ou decorar diversos objetos ou peças usadas na indústria elétrica, automotiva, etc. Após esse processo, a superfície dos grãos de areia de diversos tamanhos adquire um brilho fosco. Este brilho é o mesmo produzido pela ação erosiva produzida durante o transporte pelo vento.

O impacto que proporciona o polimento fosco das superfícies dos grãos conduz também sua fragmentação e de suas arestas, promovendo nesse processo a diminuição e o arredondamento das partículas. Como o mineral dominante nos sedimentos eólicos é o quartzo, esse processo promove o arredondamento das partículas e a formação de grãos esféricos, visto que esse mineral não possui clivagem e, portanto, não apresenta planos preferenciais de quebra.

Além dessas feições características de depósitos de origem eólica, os grãos de quartzo exibem elevada seleção granulométrica e também uma alta esfericidade. As variações que ocorrem na velocidade do vento podem aumentar ou diminuir sua capacidade de transporte, restringindo, dessa forma, o tamanho das partículas a serem transportadas. Mesmo assim, quando comparado com o transporte de partículas em meio aquoso, onde a densidade é muito maior, em meio aéreo de ambiente desértico há uma atenuação dos efeitos mencionados acima.

Quanto à composição mineral e às características físicas dos sedimentos eólicos, verifica-se que eles são constituídos quase exclusivamente de pequenos grãos de quartzo, sendo, portanto, essencialmente monominerálicos. Essa característica está ligada à abundância desse mineral nas rochas comuns da crosta continental e à sua grande resistência à alteração intempérica, particularmente química. Há, contudo, casos importantes de ocorrência de outros minerais em depósitos eólicos, como nos depósitos de *loess*, descritos neste capítulo.

▲ **Figura 2.15** – Superfície plana constituída de fragmentos rochosos de diversos tamanhos denominada reg, no Deserto do Atacama, Chile.

Em diversos ambientes desérticos, a deflação e abrasão eólica representam os dois principais processos erosivos da ação do vento na superfície. Na deflação, a remoção de areia e poeira de forma seletiva produz depressões nas áreas desérticas, denominadas bacias de deflação. Elas podem ser tão expressivas que a remoção de areia de desertos pode atingir níveis mais baixos do que o nível do mar. Esse mesmo fenômeno também produz os chamados pavimentos desérticos, caracterizados por extensas superfícies planas contendo cascalho, areia muito fina e poeira, assentados no substrato rochoso, conhecido como reg (**Figura 2.15**). Se o relevo do deserto é rebaixado por esse mecanismo até atingir a zona subsaturada ou saturada em água (ver **Capítulo 3**), podem formar-se os oásis (**Figura 2.16**).

Como resultado desse mesmo processo de abrasão, são produzidas outras feições, denominadas ventifactos, *yardangs* e superfícies polidas.

▲ **Figura 2.16** – Oásis circundado por árvores em Huacachina, região de Ica, Peru.

Os ventifactos (**Figura 2.18**) são identificados como fragmentos de rocha exibindo duas ou mais faces planas no seu contorno. Essas faces são formadas pelo vento carregado de partículas que, em um determinado momento de seu movimento, provocam a erosão de uma face do fragmento (**Figura 2.17a**), formando uma superfície plana e polida voltada no sentido contrário ao do vento (**Figura 2.17b**). No decorrer desse processo é produzida uma turbulência do lado oposto da face polida, de tal forma que a areia passa a ser removida nesse local, tornando o fragmento instável (**Figura 2.17b**). A remoção contínua de areia na face oposta do fragmento conduz ao desequilíbrio e mudança de sua posição original, expondo nova face à ação do vento com partículas de areia (**Figura 2.17c** e **d**). Os ventifactos são típicos de desertos como Atacama, Taklimakan (China), Saara e Antártica.

Os *yardangs*, por sua vez, representam formas de erosão eólica em materiais relativamente frágeis, como sedimentos e rochas sedimentares pouco consolidados e cuja classificação é de cunho morfológico, visto que os *yardangs* possuem forma semelhante a de um casco de barco virado. Essa feição é encontrada com frequência em diferentes áreas desérticas do planeta, como na Bacia do Lut, no sudoeste do Irã, nos desertos de Taklimakan, na China, e Atacama, no Chile. Os *yardangs* representam formas de erosão e de abrasão eólica restritas geralmente à porção mais árida dos desertos, onde há pouca vegetação e o solo é praticamente inexistente.

▲ **Figura 2.18** – Ventifacto.

No Brasil, a existência de ventifactos, *yardangs* e reg é bastante rara. Outras formas erosivas são mais frequentes no ambiente tropical de nosso país e encontram-se associadas à atividade de águas pluviais. A conjugação de ações erosiva, eólica e pluvial pode produzir formas específicas no relevo, como nos arenitos do subgrupo Itararé, em Vila Velha, Paraná. Nesse local, as águas das chuvas tendem a erodir, preferencialmente, as porções argilosas dos arenitos, tornando o conjunto muito mais friável e suscetível à abrasão pelo vento, o que resulta em formas variadas, localmente denominadas "pedra da tartaruga", "do cálice", "da garrafa" etc. (**Figura 2.19**).

▲ **Figura 2.17** – Diagrama esquemático ilustrando as prováveis etapas de formação de um ventifacto. Fonte: modificado de Sigolo (2009).

▲ **Figura 2.19** – Rochas sedimentares, com arenitos pertencentes ao Subgrupo Itararé, que foram erodidos parcialmente pela ação do vento e da chuva. Parque Estadual de Vila Velha, Ponta Grossa (PR).

Registros deposicionais produzidos pela ação do vento

O resultado do transporte e depósito de partículas pelo vento produz registros geológicos peculiares, os quais representam testemunhos desse tipo de atividade no passado. Os principais registros eólicos conhecidos são depósitos de *loess*, mares de areia e dunas.

Loess

Esse termo provém do alemão e representa um dos mais importantes registros da sedimentação eólica no passado geológico. Consiste em sedimentos muito finos, comumente na fração silte. De modo geral, são homogêneos e friáveis, com coloração que tende ao amarelo. Esse tipo de depósito eólico constitui-se de diversos minerais, como quartzo, feldspatos, anfibólios, mica, argilominerais e, em certos casos, carbonatos. Ocorrem ainda fragmentos de rocha pouco alterados. Esses depósitos são originados principalmente por erosão glacial (ver **Capítulo 5**), produzindo sedimentos muito finos que, posteriormente, são transportados pelo vento e depositados sobre extensas regiões.

Os primeiros depósitos de *loess* descritos foram encontrados no nordeste da China. Nesse local, esses depósitos atingem mais de 150 m de espessura, embora em média apresentem espessuras em torno de 30 m. Ocorrências muito expressivas foram descritas também na Mongólia central, Europa e EUA.

Mares de areia

Esse termo designa grandes áreas cobertas de areia nos desertos de grande amplitude do tipo encontrado na Arábia Saudita, com cerca de 1 000 000 km² de área, atualmente coberta por areia. Esse mesmo tipo de feição também é encontrado em associação com dunas na Austrália e na Ásia. Por outro lado, embora com as mesmas feições acima assinaladas, os mares de areia do norte da África são conhecidos como ergs.

Dunas

Sem dúvida alguma, das diversas formas de depósitos dos sedimentos eólicos atuais, as dunas representam a feição mais conhecida mundialmente. Associadas às dunas são encontradas estruturas sedimentares, como estratificação cruzada e marcas onduladas, as quais, no entanto, não são exclusivas de construções sedimentares eólicas. Existem duas classificações principais de dunas: a morfológica, que considera a forma da duna no relevo, e a de sua estrutura interna, que considera a geometria dos grãos de areia no interior da duna.

Na segunda classificação, é levada em consideração a sua dinâmica de formação, e nesse caso são descritos dois tipos de dunas: as estacionárias e as migratórias.

Dunas estacionárias ou estáticas

Essas dunas formam-se quando os grãos de areia vão se agrupando de acordo com o mesmo sentido de movimento do vento, formando acumulações geralmente assimétricas, as quais podem atingir centenas de metros de altura e quilômetros de extensão. A porção da duna que se dispõe frontalmente à direção do vento (barlavento) possui inclinação baixa, em geral de 5 a 15°, enquanto a outra face (sotavento) é bem mais íngreme, com inclinação de 20 a 35° (**Figura 2.20**). A assimetria resulta em uma atuação da gravidade sobre a pilha crescente de areia solta. À medida que os flancos da pilha excedem determinado ângulo (entre 20 e 35°, dependendo do grau de coesão entre as partículas), a força da gravidade supera o ângulo de atrito entre eles, os quais, em vez de se acumularem no flanco da duna, deslizam de forma contínua por queda de grãos até atingir o perfil de estabilidade da areia. O ângulo máximo de equilíbrio de uma pilha de material não coeso estável é conhecido como ângulo de repouso. Como o ângulo de inclinação do barlavento dificilmente supera o ângulo de repouso da areia, o fenômeno da quebra de grãos é praticamente restrito ao flanco do sotavento, pois sua inclinação é maior do que o ângulo de repouso da areia.

▲ **Figura 2.20** – Esquema da estrutura interna de uma duna estacionária em processo de formação (os ângulos do barlavento e sotavento encontram-se com valores aproximados). Fonte: modificado de Sigolo (2009).

Em dunas estacionárias, a areia deposita-se em camadas contornando o perfil morfológico da duna. Camadas sucessivas vão se depositando sobre a superfície do terreno em resposta ao deslocamento contínuo do vento, partindo do barlavento em direção ao sotavento, originando uma estrutura interna estratificada. Embora no sotavento da duna ocorra forte turbulência, gerada pela passagem do vento, os grãos de areia permanecem agregados aos estratos formados, impedindo, assim, o movimento da duna. A imobilidade dessas dunas resulta de diversos fatores, como aumento de umidade, que aglutina os grãos pela tensão superficial da água, obstáculos internos (blocos de rocha, troncos, etc.) ou vegetação associada à duna.

Dunas migratórias

De modo similar às dunas estacionárias, o movimento de grãos segue inicialmente o ângulo formado pelo barlavento e, em seguida, deposita-se no sotavento, agora sob forte turbulência (**Figura 2.21**). Os grãos assim depositados na base do barlavento movimentam-se pelo perfil da duna até o sotavento. Esse deslocamento dos grãos produz uma estrutura interna de pequenas camadas, cujo mergulho segue a inclinação do sotavento. O contínuo deslocamento desses leitos permite a migração de todo o corpo da duna.

As dunas de caráter migratório são responsáveis por diversos problemas de soterramento e de assoreamento nas regiões litorâneas do Brasil, tanto em áreas portuárias navegáveis como em condomínios instalados nas costas brasileiras, onde é comum esse tipo de duna. No primeiro caso, parte da solução encontrada é a dragagem contínua para minimizar o risco ao tráfego de navios, como ocorre no porto de Natal, Rio Grande do Norte, e na Lagoa dos Patos, Rio Grande do Sul. No segundo caso, há exemplos muito interessantes na região de Laguna, Santa Catarina, onde dunas migratórias com dezenas de metros de altura invadiram e soterraram várias casas de veraneio (**Figura 2.22a**). Na Região Nordeste, ventos dominantes, vindos do Sudeste, formam enormes campos de dunas migratórias que se deslocam ao longo da costa até encontrarem obstáculos como casas, fazendas, rodovias, ferrovias, lagos etc. Uma das formas mais eficazes empregadas para conter o deslocamento desse tipo de dunas tem sido o plantio de vegetação psamofítica (vegetação que se desenvolve bem

em solo arenoso) ou de certas gramíneas na base da duna, no barlavento. Com esse procedimento, os grãos da areia são imobilizados e a duna torna-se estacionária (**Figuras 2.22b** e **c**).

▲ **Figura 2.21** – Esquema da estrutura interna de uma duna migratória em processo de formação (os ângulos do barlavento e do sotavento encontram-se com valores aproximados). Fonte: modificado de Sigolo (2009).

Uma segunda classificação das dunas, conforme sua morfologia, inclui grande variedade de termos descritivos que refletem principalmente as formas identificadas nos desertos e em regiões costeiras. Esses termos descrevem o formato da duna, em analogia a uma forma conhecida, como a de uma estrela. Cada uma com estruturas interna e externa próprias, sujeitas à modificação pela ação dos ventos.

Nesse caso, são considerados três parâmetros principais para classificação morfológica da duna: a) velocidade e variação da direção do vento predominante; b) condições do substrato percorrido pelas areias transportadas pelo vento; e c) volume disponível de areia para a formação da duna. As formas de dunas mais comuns e amplamente conhecidas nos desertos do mundo são dunas transversais, barcanas, parabólicas, estrela e longitudinais, as quais serão descritas de modo resumido a seguir.

Dunas transversais

Essas dunas formam-se sob condições específicas de ventos, os quais devem ser constantes e voltados para a mesma direção. Sua construção é condicionada pela quantidade de areia e aporte de maneira contínua. De modo geral, todas as regiões litorâneas do mundo representam o melhor local para formação desse tipo de duna (**Figura 2.22d**). Nesses locais, os ventos possuem sentidos preferenciais, a que se somam velocidade constante e grande disponibilidade de areia. O nome transversal advém da sua orientação perpendicular ao sentido preferencial do vento.

▲ **Figura 2.22** – (a) Campo de dunas migratórias invadindo residências de veraneio no município de Luis Correia (PI). (b) Formação de lago na zona do barlavento em campo de dunas de Natal (RN) (direção dominante do vento da esquerda para a direita). (c) Plantio de vegetação adequada ao ambiente arenoso para conter a migração da areia para impedir o avanço da duna migratória, Campo de Dunas, Natal (RN). (d) Campo de dunas do tipo transversal, conhecido como mar de dunas (Lençóis Maranhenses).

Em regiões de desertos extensos, como o Saara, o conjunto dessas dunas forma os chamados mares de areia, destacados por feições de colinas sinuosas, grosseiramente paralelas entre si, as quais lembram a forma revolta das ondas do mar durante uma tempestade.

Em diversos campos de areia, onde dunas se fazem presentes, elas podem represar a água contida em seu interior até que a mesma ressurja como pequenos lagos de água doce nos adjacentes ao sotavento. No Brasil são bem conhecidos exemplos desse tipo no norte do Espírito Santo, no sul da Bahia e ao longo de toda a costa do Nordeste (**Figura 2.23a**). Dunas transversais (do tipo barcanoides) ocorrem também em áreas próximas de ambientes fluviais, como as encontradas na Ilha do Caju, delta do Rio Parnaíba, MA (**Figura 2.23c**).

Algumas feições anteriormente descritas, como as marcas de ondas, são também encontradas na parte superficial da duna, como pode ser observado na **Figura 2.23b**. Essas feições são produzidas pelo deslocamento dos grãos de areia, principalmente por arrasto e saltação. A análise do perfil da assimetria das ondas permite definir o sentido do vento predominante que a construiu (do barlavento para o sotavento).

Figura 2.23 – (a) Formação de lago em processo de represamento por areias provindas de dunas do tipo transversal. Campo de dunas dos Lençóis Maranhenses (MA). (b) No primeiro plano da foto, notam-se marcas onduladas em campo de dunas dos Lençóis Maranhenses. (c) Exemplo de duna barcana observada no lado direito do campo de dunas em cadeias barcanoides tipo transversal *sensu lato* (o sentido predominante do vento é da direita para a esquerda), Ilha do Caju, delta do Parnaíba (MA).

Dunas barcanas

São encontradas em regiões de ventos moderados e disponibilidade de areia limitada. Esse tipo de duna assume forma de meia-lua ou de lua crescente, daí a origem de seu nome. Na construção de sua forma, suas extremidades encontram-se voltadas no mesmo sentido do vento. Esse tipo de duna não forma campos contínuos e tende a ser pequena, não excedendo 50 m de altura e 350 m de largura, em função da limitada disponibilidade de areia. No Brasil, esse tipo de duna é relativamente raro. Porém, em áreas litorâneas com vegetação abundante, a qual limita o fornecimento de areia, formam-se cadeias de dunas similares às barcanas, conhecidas como cadeias barcanoides. Elas são relativamente diferentes de dunas barcanas típicas, pelo fato de ocorrerem unidas, como os exemplos no litoral de Laguna, Santa Catarina.

Dunas parabólicas

Embora parecidas com as dunas barcanas, as parabólicas diferenciam-se pela curvatura mais fechada em suas extremidades, tornando-se assim idênticas à letra U, com a extremidade voltada no sentido contrário do vento (**Figura 2.24a**). Esse tipo de duna desenvolve-se em regiões de ventos fortes e constantes com suprimento de areia superior ao das regiões onde se formam as do tipo barcanas. São raras na América do Sul, limitando-se a poucas ocorrências nas zonas litorâneas. Assim como foi descrito para as dunas barcanas, a existência de vegetação costeira representa também o fator limitante ao fornecimento de areia, controlando assim sua evolução.

Dunas tipo estrela

As dunas tipo estrela são muito comuns nos desertos da Arábia Saudita e também em parte dos desertos do norte da África. Não são conhecidos exemplos de campos de dunas desse tipo na América do Sul. Elas se formam principalmente em função da abundância de areia e de ventos de intensidade e velocidade constantes, mas com frequentes mudanças de direção (pelo menos em três direções). Como consequência, formam-se dunas com cristas deslocadas segundo as três direções do vento, resultando assim dunas com o formato de uma estrela.

Dunas longitudinais

Essas dunas recebem também o nome de dunas do tipo seif, do árabe, por terem sido descritas originalmente no Deserto da Arábia (**Figuras 2.24b e c**). Sua construção se estabelece pelo abundante fornecimento de areia conjugado com ventos fortes e sentido constante no ambiente desértico ou em campos de dunas litorâneas. Suas dimensões podem chegar a dezenas de quilômetros de comprimento e mais de 200 m de altura. São encontradas formas que lembram "cordões de areia". Não obstante, ambientes fluviais são também capazes, em menor escala, de formar cordões semelhantes.

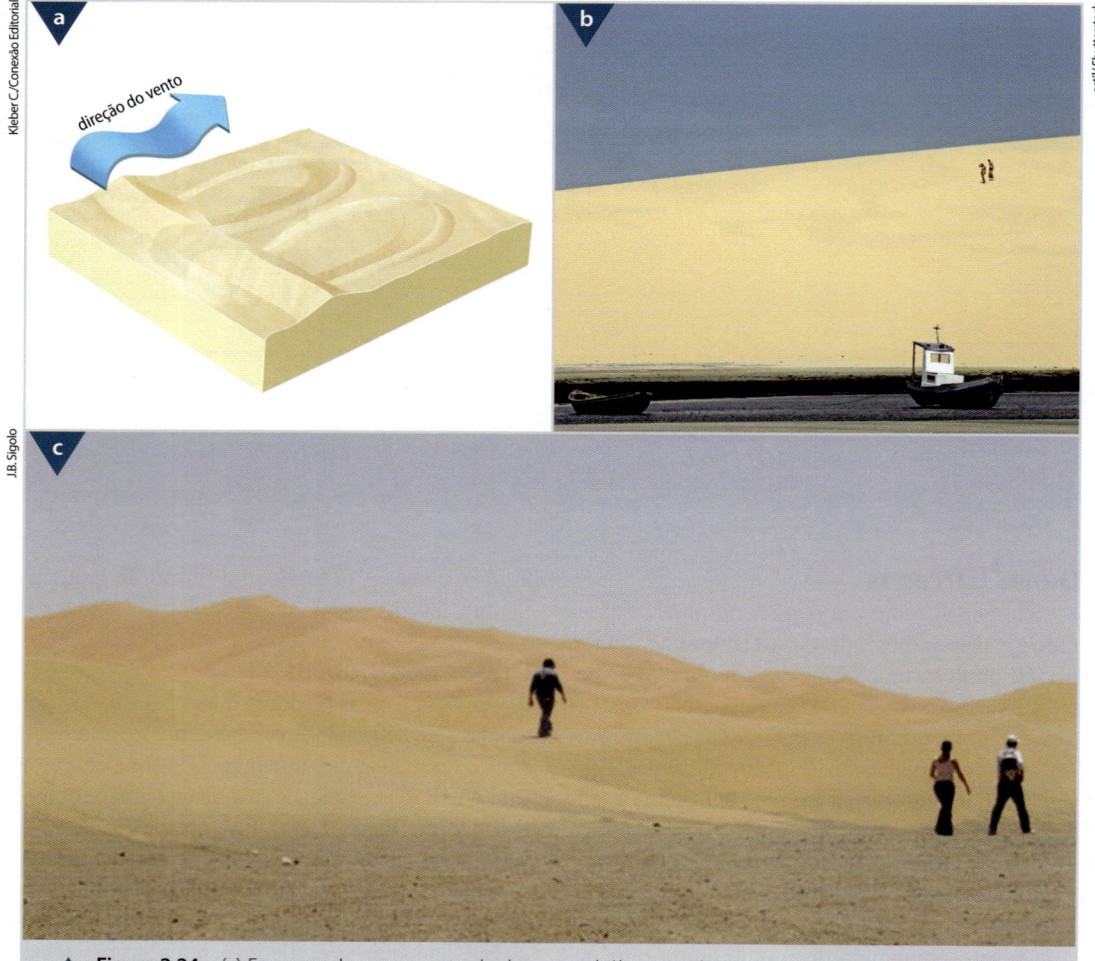

▲ **Figura 2.24** – (a) Esquema de grupamento de dunas parabólicas, resultantes da degradação de uma duna do tipo transversal. (b) Dunas do tipo longitudinal, Jericoacoara (CE). (c) Campo de dunas do tipo estrela, indicando o transporte de areia por ventos mais fortes, em duas direções predominantes, e ventos mais fracos em uma terceira direção. As direções estão indicadas pela linha visualizada na imagem. Campo de Dunas Les sables d'or, Merzouga, Marrocos.

Registros antigos da ação dos ventos

Os registros descritos neste capítulo que são produzidos pela ação do vento podem ser reconhecidos em rochas sedimentares antigas. Esse reconhecimento permite que se possa reconstituir e compr ovar a existência de ambientes desérticos antigos, ou seja, paleoambientes eólicos. Portanto, a existência de rochas sedimentares antigas com estruturas encontradas nas dunas atuais, como estratificações cruzadas, marcas onduladas, barlavento e sota-vento, permitem identificar o desenvolvimento de dunas no passado. Isso permite afirmar que se trata de uma duna fóssil. Com base na análise da orientação das faces do barlavento e sota-vento, em dunas fósseis, é possível identificar o sentido preferencial do vento na época de sua formação.

Essas constatações são bastante conhecidas na história geológica de diversas regiões do Brasil. Por exemplo, no Rio Grande do Sul, são encontrados, em associação com espessas camadas de arenitos amplamente expostas em afloramentos diversos, incluindo em cortes de rodovias, que testemunham ambientes desérticos diversos que vigoraram na passagem do Pré-Cambriano para o Paleozoico (**Figura 2.25**). Registros semelhantes e pertencentes ao mesmo ambiente que dominou a região da Bacia do Paraná nessa mesma era são observados em várias formações geológicas de outros estados brasileiros – São Paulo, Santa Catarina, Paraná, Minas Gerais, Mato Grosso do Sul e Mato Grosso –, estendendo-se até Uruguai, Paraguai e Argentina.

▲ **Figura 2.25** – Estruturas em rochas sedimentares da Formação Pedra Pintada, Grupo Camaquã, no Rio Grande do Sul, indicando antigas dunas associadas a essas rochas, que recebem o nome de dunas fósseis. Imediações do povoado das Minas do Camaquã, Município de Caçapava do Sul (RS).

Quadro 2.1 – Desertificação

O termo desertificação, embora traga em seu bojo o contexto de deserto, não se relaciona de modo verdadeiro com eventos dinâmicos descritos aqui para os diversos desertos existentes na superfície da Terra. Como foi descrita, a formação dos desertos atuais envolve múltiplos fatores geológicos e climáticos atuando em conjunto durante longos períodos de tempo. Em sua constante evolução, uma região desértica expande-se ou retrai-se controlada quase exclusivamente por flutuações climáticas cíclicas. Em linhas gerais, as áreas desérticas naturais, desenvolvidas sem a influência direta da atividade humana, encontram-se limitadas por regiões de maior umidade e, consequentemente, de maior desenvolvimento da vegetação. Esta inibe a expansão do deserto. Hoje em dia, observa-se que, sempre às margens das áreas desérticas, encontra-se atividade humana. Isso pode promover e acelerar a expansão da área desértica, induzindo assim uma nova área à desertificação. Em regiões não desérticas, especialmente nos ecossistemas mais delicados e frágeis, a atividade humana pode promover o aumento da aridez local e levar, eventualmente, à desertificação. Por exemplo, na década de 1930, nos Estados Unidos, a intensa atividade agrícola praticada de modo agressivo promoveu a completa degradação da produtividade dos solos cultiváveis, fazendo com que este sofresse intenso ressecamento. Com isso, milhões de toneladas de solos férteis foram erodidos pelo vento e redistribuídos pelo Centro-Oeste norte-americano, produzindo grandes tempestades de poeira e areia. No Brasil, a ação promovida pelo desmatamento desordenado, a queima constante das florestas, práticas agropecuárias inadequadas nas zonas de fronteiras agrícolas, como no norte do Mato Grosso e na Amazônia Meridional, vêm expondo o solo dessas regiões a uma intensa degradação, fazendo com que parte de seus constituintes de fertilidade, como a matéria orgânica, seja submetida à rápida degradação física e química, reduzindo as condições de plantio e criando situações de estresse no ecossistema. A esse processo tem-se também empregado o termo desertificação.

Revisão de conceitos

1. Por que a atmosfera da Terra é tão diferente da atmosfera dos outros planetas do Sistema Solar?
2. Quais são os indícios geológicos que comprovam que a atmosfera terrestre passou por diferentes etapas evolutivas?
3. Como a evolução geológica da Terra influenciou a evolução biológica na Terra?
4. Como está dividida a atmosfera terrestre atual em termos de composição?
5. Considerando-se a distribuição de temperaturas, quais são as camadas que compõem a atmosfera terrestre?
6. O que é ozônio e qual é a importância de sua presença na atmosfera?
7. A temperatura na atmosfera terrestre é sempre crescente, decrescente ou apresenta outro padrão vertical? Como explicar a distribuição da temperatura nas diferentes altitudes?
8. O que é força de Coriolis e qual é a sua importância na distribuição dos ventos na superfície terrestre?
9. Quais são os principais registros geológicos da ação do vento na superfície terrestre?

GLOSSÁRIO

Abrasão eólica: Representa o processo de colisão constante entre as partículas de areia fina, média e grossa com materiais estacionados, geralmente maiores (seixos, blocos, rochas), que promovem o desgaste e polimento das rochas.

Anóxica: Ambiente onde há ausência de oxigênio.

Atmosfera cósmica: Atmosfera inicial de formação do planeta Terra. Todos os planetas do Sistema Solar passaram por essa fase antes de se consolidarem como matéria rochosa (planetas internos) ou como massas predominantemente gasosas (planetas externos).

Atmosfera redutora: Camada gasosa envolvente da Terra quando o elemento oxigênio não era dominante em sua composição.

Bacias de deflação: Depressão em área desértica produzida pela remoção seletiva de areia e poeira.

Corrente de jato (*jet stream*): Correntes de vento que atingem altas velocidades, situadas em altos níveis da atmosfera, próximo à tropopausa.

Deflação: Processo de remoção de areia de uma superfície desértica, rebaixando-a até, em alguns casos, encontrar o nível de água subterrânea ou freático e formar um oásis.

Degasagem: Processo que, na fase inicial de formação do planeta, "expulsou" diversos gases que se encontravam aprisionados em seu interior. Hoje, um vulcão exerce o mesmo processo, mas de forma muito pontual.

Desertos absolutos: Áreas onde a água não é predominante, em superfície, no seu estado líquido. Ou seja, tanto nos desertos do Saara como na Antártida há desertos absolutos, pois em sua superfície não se encontra água em estado líquido.

Dorsais mesoceânicas: Conjunto de cadeias de montanhas submersas mais ou menos no meio dos oceanos do planeta Terra. O melhor exemplo é a Cadeia Mesoatlântica, que está quase no meio geométrico entre a América do Sul e a África.

Duna fóssil: Duna encontrada intercalada em sequências sedimentares, onde se pode identificar suas características morfológicas. Esse tipo de duna ocorre em um local que já foi um deserto ou um campo de dunas.

Erg: Área desértica ocupada por dunas.

Estratificação cruzada: Estrutura sedimentar caracterizada por camadas inclinadas (até 35° em relação à horizontal) de material sedimentar depositado por correntes de ar ou de água.

Estratosfera: Camada da atmosfera localizada entre 10 e 50 km de altitude, onde a temperatura aumenta e ela contém a camada de ozônio.

Força de Coriolis: Força exercida sobre corpos em movimento na superfície da Terra. Em virtude da rotação do planeta, a força desvia as trajetórias desses corpos para a direita no Hemisfério Norte e para a esquerda no Hemisfério Sul. Seu papel é crucial no movimento das massas de ar e água no planeta.

Furacão: Ciclone tropical cuja movimentação de massas de ar em grande velocidade, acima de águas oceânicas quentes (temperatura superior a 26 °C), produz ventos de alta velocidade (> 120 km/h) e precipitação muito elevada.

Heterosfera: Com base na concentração relativa dos gases, é a camada acima de 100 km de altitude, na qual predominam os constituintes gasosos mais leves (hidrogênio e hélio).

Homosfera: Com base na concentração relativa dos gases, é a região na atmosfera terrestre onde há concentração relativa dos principais constituintes gasosos (oxigênio e nitrogênio). É praticamente constante até uma altitude de aproximadamente 100 km.

Ionosfera: Local na atmosfera terrestre onde os gases presentes nas camadas superiores da homosfera e intermediárias da heterosfera encontram-se ionizados, ou seja, é a camada da atmosfera que contém cargas elétricas (íons e elétrons).

Marca ondulada: Estrutura sedimentar formada pela ação de um fluido (corrente de ar ou de água) inconsolidado, gerando uma superfície ondulada, cujas cristas das ondas orientam-se perpendicularmente à direção da corrente. Em região desértica, caracteriza-se pela organização das partículas de areia gerando formas que se assemelham a ondas.

Mesosfera: Camada acima da estratosfera, compreendida entre 50 e 80 km de altitude. Nessa camada, a temperatura diminui novamente até −80 °C.

Oásis: Região desenvolvida pela ação da deflação em uma área desértica absoluta, constituída de areia, onde a remoção de areia atinge o lençol freático e, como consequência, aflora água subterrânea.

Ozônio: Gás contendo três átomos de oxigênio.

Pavimento desértico: Superfície aplainada em área desértica formada pela ação erosiva do vento sobre diferentes tipos de materiais rochosos.

Planetesimal: Sólidos que resultaram da aglomeração de poeiras e gases durante a formação do Sistema Solar e deram origem aos planetas atuais. Os planetesimais formados deviam se assemelhar aos asteroides observados nos dias de hoje.

Reg: Superfície plana e extensa em uma área desértica, na qual os elementos mais finos foram removidos pelo vento (deflação).

Sedimentos eólicos: Conjunto de partículas de tamanhos bem limitados (muito finas) que que foram depositadas por ação do vento após sofrerem transporte. É um depósito eólico recente, não consolidado, que se encontra ainda na fase de formação ou acumulação.

Subducção: Região da crosta onde uma placa continental ou oceânica mergulha por debaixo de outra placa, que também pode ser oceânica ou continental.

Superfícies polidas: Materiais rochosos que, sob a ação erosiva do vento e das partículas transportadas por ele, tornam-se polidos. Processo semelhante ao que artificialmente se faz hoje em dia no chamado "jateamento com areia" em peças metálicas.

Suspensão eólica: Conjunto de partículas de tamanhos bem limitados (muito finas) que se encontra em suspensão por ação do vento em um movimento de fluxo turbulento e em franco processo de transporte.

Termosfera: Região acima dos 90 km de altitude da atmosfera terrestre e cuja temperatura se eleva. Compreende o intervalo desse ponto até o espaço.

Tornado: Movimento de massas de ar que giram em redemoinho, em grande velocidade (com ventos que podem ultrapassar 400 km/h) e com intensa capacidade destrutiva durante seu deslocamento na superfície continental.

Troposfera: Camada mais baixa da atmosfera e mais importante para os fenômenos meteorológicos, onde a temperatura diminui com a altitude e se estende da superfície terrestre até a altitude média de 10 km.

Ventifactos: É a designação de diversos fragmentos de rocha exibindo duas ou mais faces planas externas. Essas faces são formadas pelo vento carregado de partículas que, em um determinado momento de seu movimento, erode uma face do fragmento, formando uma superfície plana e polida voltada no sentido contrário ao do vento.

Yardang: Formas produzidas pela erosão eólica sobre materiais relativamente frágeis, como sedimentos e rochas sedimentares pouco consolidados e cuja classificação é de cunho morfológico, pois os yardangs possuem forma semelhante a cascos de barcos virados.

Referências bibliográficas

HAMBLIN, W. K.; CHRISTENSEN, E. H. *Earth's Dynamic Systems*. 8. ed. New Jersey: Prentice Hall, 1998. 740 p.

PRESS, F.; SIEVER, H. *Para entender a Terra*. 4. ed. Coordenação de R. Menegat, P.C.D. Fernandes, L.A.D. Fernandes. Porto Alegre: Bookman, 2006.

SIGOLO, J. B. Processos eólicos. In: TEIXEIRA, W. et al. (Orgs). *Decifrando a Terra*. São Paulo Editora Nacional, 2009. pp. 334-397.

STANLEY, S. M. *Earth System History*, 3. ed. Nova York: W.H.Freeman & Co Ltd.

TEIXEIRA, W. et al. *Decifrando a Terra*. São Paulo: Oficina de Textos, 2002.

WICANDER, R.; MONROE, J. S. *Fundamentos de Geologia*. Cengage-Learning, 2006. 508 p. Revisão técnica, adaptação redação final de M. A. Carneiro.

CAPÍTULO 3
Água subterrânea
Roger M. Abs e José G. Franchi

Principais conceitos

▶ O movimento da água subterrânea é controlado pela porosidade e permeabilidade das rochas pelas quais percola.

▶ A zona de saturação é definida por pontos em que a água se encontra submetida à pressão atmosférica.

▶ O movimento através dos poros das rochas é muito lento, porque acontece pela ação da força da gravidade. Em sistemas artesianos, o fluxo depende da pressão hidrostática.

▶ A água em sistemas artesianos encontra-se confinada sob pressão; ocorre em estratos permeáveis (aquíferos) situados entre estratos impermeáveis.

▶ O deságue natural das águas subterrâneas ocorre em rios, lagos e pântanos.

▶ A dissolução promovida pela ação da água subterrânea em terrenos calcários produz feições morfológicas conhecidas como "topografia cárstica", caracterizadas por dolinas, vales de dissolução e sumidouros, que, coletivamente, constituem os denominados relevos cársticos.

▲ Poço extravasa água subterrânea sem a necessidade de bombas. Cristiano Castro (PI).

Introdução

A água subterrânea é parte integrante do sistema hidrológico e, portanto, um recurso natural vital. Distribui-se amplamente por todas as regiões do planeta, úmidas ou desérticas, sob os continentes gelados ou sob as mais altas montanhas.

Este capítulo aborda o movimento da água através do espaço poroso existente em solos e rochas, bem como sua capacidade de dissolução de rochas carbonáticas, que dão origem ao relevo cárstico. São feitas considerações sobre o uso desse precioso recurso e de como lidar com os problemas ambientais resultantes da intervenção do ser humano nessa porção do sistema hidrológico. As águas subterrâneas representam cerca de 96% da água doce do planeta (excluindo-se aquela existente sob a forma de gelo e inacessível, ao menos atualmente, à utilização humana).

Porosidade e permeabilidade

A água pode infiltrar-se através dos poros e fraturas presentes em solos e rochas. Os poros ou vazios são espaços existentes entre grãos minerais de solos e rochas sedimentares ou em fraturas e fissuras de rochas cristalinas – ígneas e metamórficas –, cavidades de dissolução e vesículas dessas mesmas rochas.

A forma e o tamanho dos poros e fraturas correspondem à porosidade, característica que define a capacidade do meio de armazenar água, enquanto o grau de comunicação entre poros e fraturas caracteriza a permeabilidade do meio, que determina a intensidade ou a velocidade de percolação da água armazenada.

Porosidade

A porosidade é a relação entre o volume total de vazios, normalmente ocupados por ar e água, e o volume total aparente do solo ou rocha, expressa em porcentagem.

Em depósitos de areia e cascalho, a porosidade pode representar de 12% a 45% do volume total aparente (**Figura 3.1a**).

Quando ocorrem grãos de várias dimensões, os menores preenchem os espaços entre os maiores e a porosidade fica fortemente reduzida (**Figura 3.1b**). O efeito será o mesmo se uma quantidade significativa de materiais precipitados pela percolação de fluidos (material cimentante) também preencher os vazios entre os grãos, como no caso de arenitos silicificados, cuja porosidade pode ser inferior a 5%.

Rochas pouco fraturadas, como granitos maciços, podem apresentar porosidade menor que 1% (**Figura 3.1c**). A porção superior de derrames basálticos pode apresentar vesículas associadas a fraturas ou disjunções colunares (muito comuns no topo desses derrames), características que conferem valores superiores a 30% para a porosidade dessas rochas (**Figura 3.1d**).

A dissolução por águas de chuva em superfície e subterrânea em subsuperfície afeta rochas de fácil solubilização pela água, como os calcários e rochas salinas (evaporitos), originando aberturas e cavidades de forma e tamanho variados, que conferem a essas rochas porosidades muito elevadas, também superiores a 30% (**Figura 3.1e**).

Permeabilidade

A permeabilidade é a capacidade de um solo ou rocha transmitir um fluido através de seu espaço poroso. Essa propriedade depende da viscosidade do fluido, do tamanho e da forma das aberturas por onde ele flui, da pressão hidrostática e, particularmente, do grau de interconexão entre as aberturas.

Conglomerados, arenitos, basaltos e alguns calcários normalmente apresentam elevada permeabilidade. Arenitos e conglomerados, em geral, possuem maior grau de interligação entre poros, isto é, altas porosidades efetivas. Os basaltos, por outro lado, são bastante permeáveis quando fraturados ou quando apresentam disjunção colunar associada a vesículas, condição muito frequente no topo de derrames desse tipo de rocha. Os calcários fraturados ou com muitas cavidades são igualmente muito permeáveis.

Os folhelhos, granitos maciços, quartzitos e rochas metamórficas compactas e não fraturadas são geralmente pouco permeáveis.

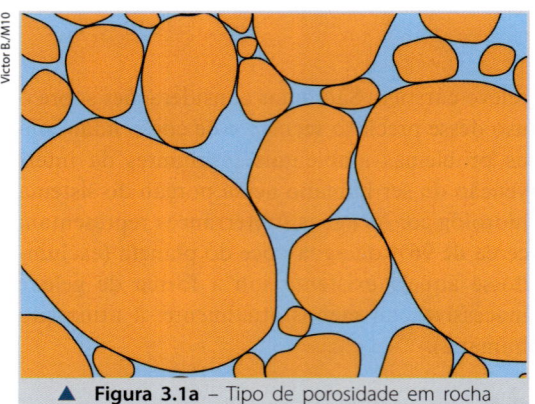

▲ **Figura 3.1a** – Tipo de porosidade em rocha onde fragmentos são mais ou menos arredondados e deixam espaços porosos entre eles. Fonte: modificado de Hamblin e Christensen (1998).

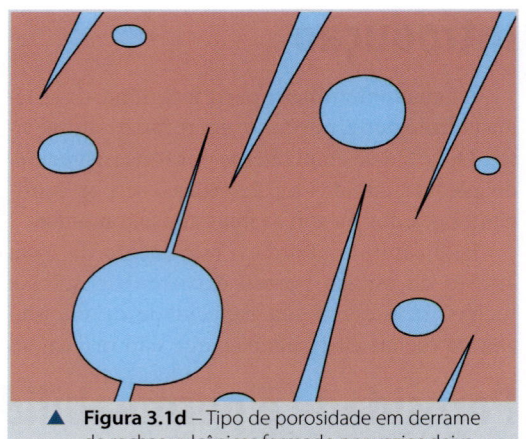

▲ **Figura 3.1d** – Tipo de porosidade em derrame de rochas vulcânicas formado por vazios deixados por amígdalas. Fonte: modificado de Hamblin e Christensen (1998).

▲ **Figura 3.1b** – Tipo de porosidade em rocha onde os fragmentos estão imersos em matriz de fragmentos mais finos. Fonte: modificado de Hamblin e Christensen (1998).

▲ **Figura 3.1e** – Tipo de porosidade em rocha quando surgem grandes espaços deixados pela dissolução, especialmente em rochas mais solúveis. Fonte: modificado de Hamblin e Christensen (1998).

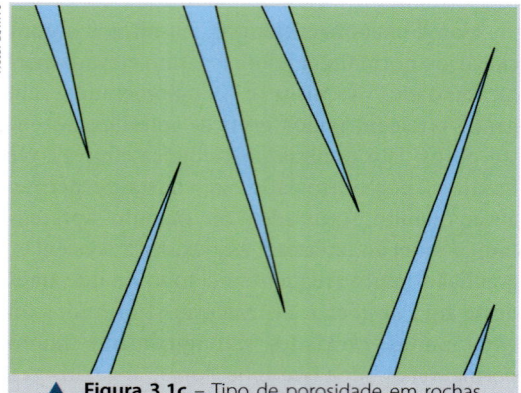

▲ **Figura 3.1c** – Tipo de porosidade em rochas cristalinas formado por fraturas, diáclases e outros tipos de fraturamento. Fonte: modificado de Hamblin e Christensen (1998).

Os argilitos podem ter elevada porosidade, isto é, elevada capacidade de armazenar água; no entanto, geralmente apresentam permeabilidade muito baixa, fruto do pequeno grau de comunicação entre os poros.

Independentemente do grau de permeabilidade, o fluxo de água subterrâneo é extremamente lento (da ordem de 1 m/dia a 1 m/ano) quando comparado ao fluxo turbulento presente nos cursos fluviais, que apresentam velocidade de água na ordem de km/h.

Em alguns casos específicos, como em cavernas calcárias, esse fluxo pode atingir velocidades próximas à de correntes superficiais de movimento lento.

O lençol freático

A água, ao infiltrar-se no subsolo por ação da força da gravidade, pode ocupar a porção superior do perfil, denominada zona de aeração ou zona vadosa, ou a porção inferior, denominada zona de saturação (Figura 3.2). A zona de aeração apresenta-se apenas parcialmente saturada por água, que fica aderida às partículas sólidas pela força denominada "tensão superficial". Abaixo da zona de aeração, todas as aberturas existentes encontram-se completamente preenchidas por água, constituindo a zona de saturação. O lençol freático é a superfície que separa essas duas zonas, na qual todos os pontos se encontram à pressão atmosférica.

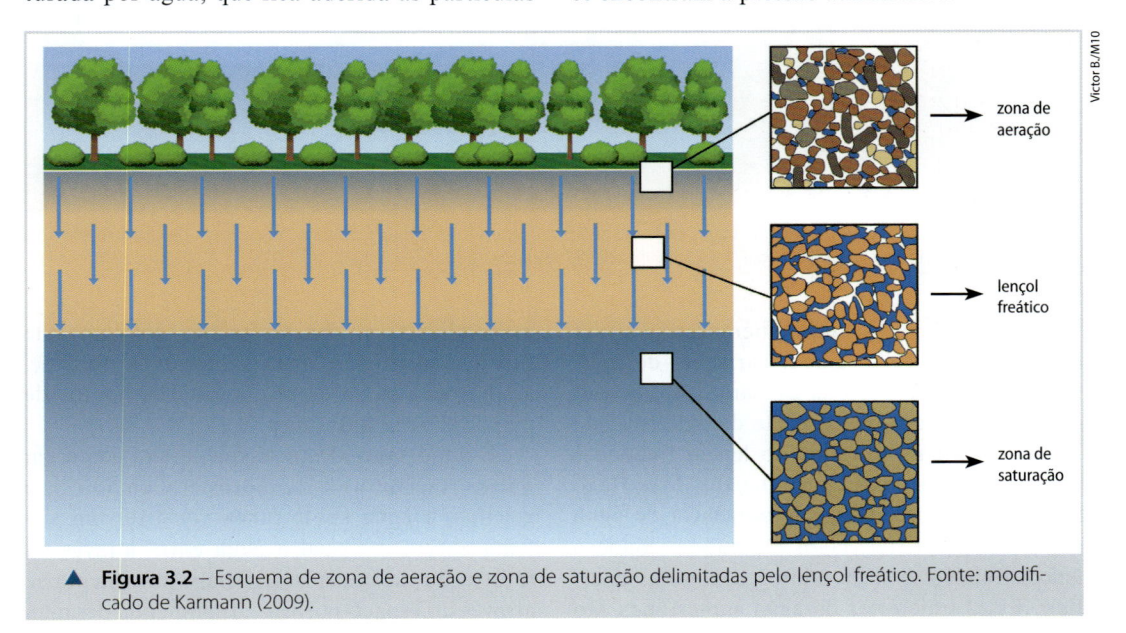

▲ **Figura 3.2** – Esquema de zona de aeração e zona de saturação delimitadas pelo lençol freático. Fonte: modificado de Karmann (2009).

À medida que o perfil de solo se torna mais espesso, os espaços porosos tendem a desaparecer, em função do grau de compactação. É o limite inferior, ou a base, do sistema de águas subterrâneas.

A profundidade do lençol freático pode variar desde menos de um metro, em épocas chuvosas de regiões úmidas, até dezenas ou mesmo centenas de metros, em épocas secas de áreas desérticas. Em lagos ou em regiões pantanosas permanentes, o lençol freático é aflorante.

Em geral, o lençol freático acompanha a superfície topográfica, ou seja, em áreas planas ele é quase horizontal; em áreas de relevo mais acentuado, acompanha a inclinação das encostas. A principal razão desse fenômeno reside na baixa velocidade do fluxo da água subterrânea; portanto, em períodos de alta pluviosidade, o lençol freático se eleva lentamente nas áreas elevadas e, durante as estiagens, tende a se rebaixar, também de modo lento. Desse fato resulta que o lençol freático constitui uma superfície irregular e dois pontos situados nessa superfície em diferentes alturas terão potencial hidráulico (pressão exercida pela coluna de água e coluna de rochas sobreposta a esses pontos) diferente. Com a força da gravidade, o potencial hidráulico é a força responsável pelo fluxo da água subterrânea de pontos de potencial mais alto para pontos de potencial mais baixo. A trajetória descendente da água ao infiltrar-se no solo é aproximadamente vertical e depende da força gravitacional, através da zona de aeração, até que ela atinja o lençol freático. A partir daí, ela ficará submetida a uma segunda força, de natureza hidráulica, que a desviará, segundo uma trajetória curvilínea, para pontos de menor potencial hidráulico (Figura 3.3).

▲ **Figura 3.3** – Esquema das trajetórias de fluxo da água subterrânea em função da ação da força da gravidade e do fluxo da água subterrânea. Fonte: modificado de Wicander e Monroe (2006).

A **Figura 3.3** exibe quais diferenças na altura do lençol freático originam variações de pressão hidrostática na zona de saturação, provocando movimento descendente da água situada sob pontos mais elevados do lençol freático e ascendente sob pontos mais baixos. Esse fluxo representa o mecanismo de surgência de água subterrânea em rios, lagos e pântanos, onde o lençol freático se situa muito próximo à superfície. Essas trajetórias da água subterrânea são explicáveis pelo fato de o lençol freático não formar uma superfície sólida tal como a superfície do terreno. Desse modo, a água situada em determinada profundidade no lençol freático sob uma colina, por exemplo, encontra-se sob pressão maior que outra situada à mesma profundidade no lençol freático sob um vale fluvial contíguo. A água subterrânea move-se, assim, para baixo e em direção aos pontos de menor pressão hidráulica.

É importante destacar que, assim como em outros reservatórios da hidrosfera, como rios e geleiras, a água subterrânea constitui um sistema aberto, no qual a água entra através da infiltração de águas superficiais, movimenta-se através do espaço poroso e, finalmente, deságua através de algum rio ou lago. Tendo em vista o tempo mais longo de residência da água, esse sistema é mais sensível a uma eventual contaminação por uma carga de poluentes, que demandaria muito mais tempo para ser removida ou remediada.

Descarga de águas subterrâneas

Descarga natural

A descarga natural da água subterrânea ocorrerá sempre que o lençol freático interceptar a superfície do terreno, originando fontes, desaguando em rios, lagos ou pântanos. Essa descarga introduz volume significativo de água nos cursos fluviais, por exemplo, e, se não fosse por ela, muitos rios perenes se apresentariam secos em certas épocas do ano.

Várias situações geológicas propiciam afloramentos naturais das águas subterrâneas, esquematicamente ilustradas nas **Figuras 3.4a, b e c**.

A **Figura 3.4a** representa o surgimento de fontes em paredes de vale fluvial nos contatos inclinados rumo ao vale, entre camadas permeáveis (arenitos) e impermeáveis (folhelhos). Em **3.4b**, a presença de folhelhos impermeáveis existentes na porção inferior do conjunto de rochas induz a migração lateral da água através de calcários com elevado grau de dissolução.

Finalmente, em **3.4c**, a água infiltrada em basaltos vesiculares que apresentam disjunções colunares migra lateralmente através do contato com basaltos maciços, formando fontes ao longo da exposição desse contato nas paredes do vale.

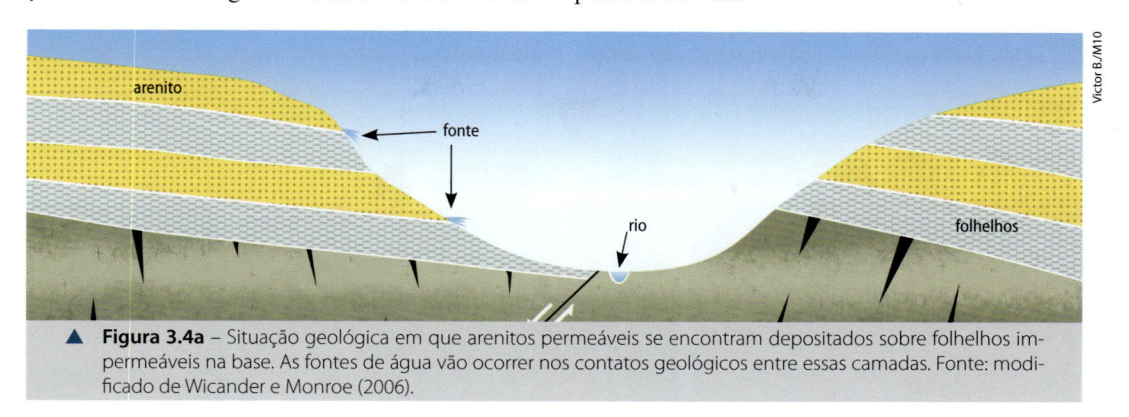

▲ **Figura 3.4a** – Situação geológica em que arenitos permeáveis se encontram depositados sobre folhelhos impermeáveis na base. As fontes de água vão ocorrer nos contatos geológicos entre essas camadas. Fonte: modificado de Wicander e Monroe (2006).

▲ **Figura 3.4b** – Situação geológica em que folhelhos impermeáveis induzem a migração lateral da água através de calcários com elevado grau de dissolução. Fonte: modificado de Wicander e Monroe (2006).

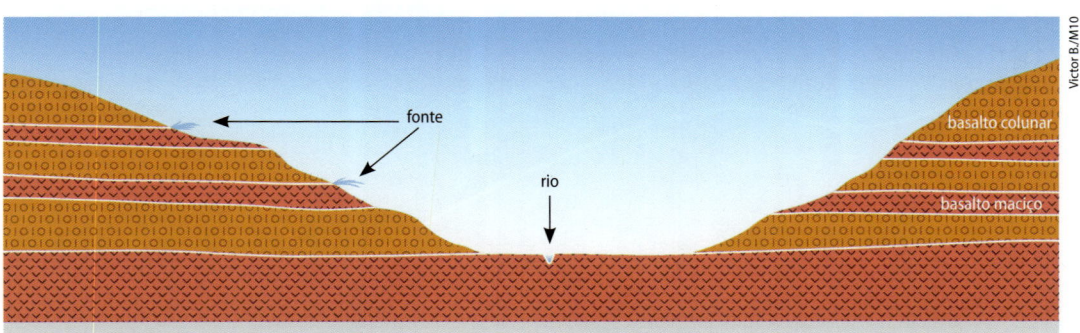

▲ **Figura 3.4c** – Situação geológica em que basaltos vesiculares com disjunções colunares permitem que a água migre lateralmente através do contato com basaltos maciços. Fonte: modificado de Wicander e Monroe (2006).

Descarga artificial

A descarga artificial de água subterrânea é a obtida durante a exploração desse recurso através da construção de poços, escavados ou perfurados mecanicamente, até atingirem a zona de saturação. Áreas que apresentam exploração intensiva da água subterrânea podem modificar substancialmente essa parte do sistema hidrológico se a quantidade explorada for maior que a capacidade de recarga natural do aquífero.

A água da zona de saturação, uma vez atingida por uma perfuração, flui das fraturas e poros para o interior da perfuração, preenchendo-a até o nível regional do lençol freático. O bombeamento de água promove um rebaixamento do lençol freático ao redor do poço na forma de um cone, chamado cone de depressão ou de rebaixamento (**Figuras 3.5a e b**) sempre que a quantidade de água bombeada superar a velocidade de recarga natural do aquífero.

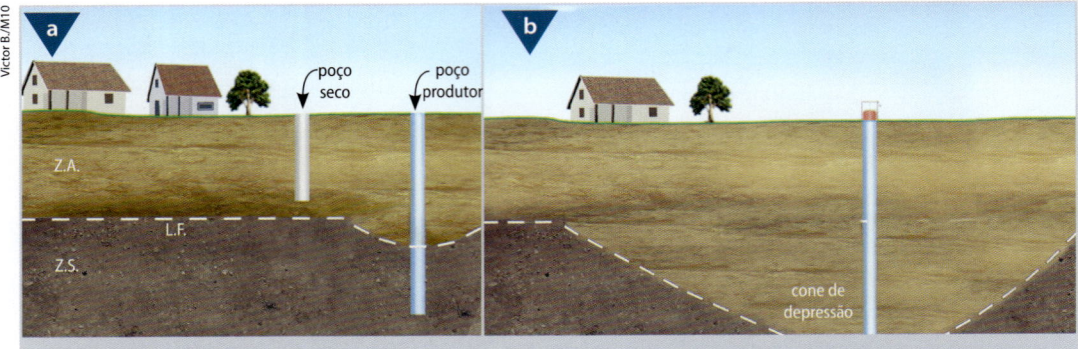

▲ **Figura 3.5** – Cones de depressão formados por bombeamento da água subterrânea quando a capacidade de recarga natural do aquífero é superada. Fonte: modificado de Karmann (2009).

Os cones de depressão gerados ao redor de poços de elevada vazão de produção, como os utilizados para o abastecimento de cidades ou grandes indústrias, por exemplo, podem chegar a várias centenas de metros de profundidade, podendo afetar ou comprometer a produção de outros poços situados dentro de sua área de influência (**Figura 3.6**).

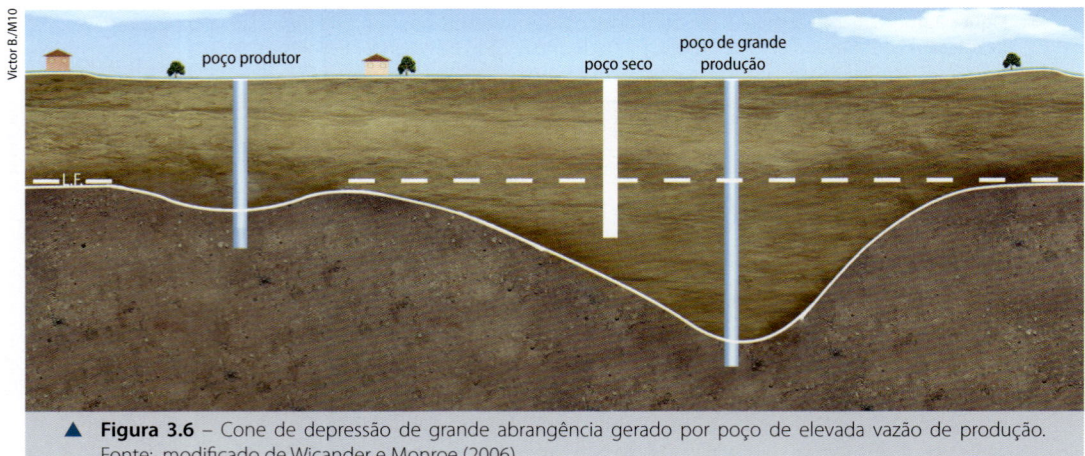

▲ **Figura 3.6** – Cone de depressão de grande abrangência gerado por poço de elevada vazão de produção. Fonte: modificado de Wicander e Monroe (2006).

A exploração intensiva da água subterrânea pode conduzir um rebaixamento regional do lençol freático em até centenas de metros e produzir consequências indesejáveis, principalmente em áreas metropolitanas. Embora os reservatórios de água subterrânea sejam continuamente recarregados por águas de precipitação, essa migração é tão lenta que centenas de anos podem ser necessários para o restabelecimento do lençol freático à sua situação original de equilíbrio no sistema hidrológico.

Artesianismo

As águas subterrâneas podem encontrar-se confinadas sob condições de elevada pressão hidrostática, o que possibilita a existência de poços naturalmente jorrantes. O artesianismo pressupõe determinadas condições geológicas para sua ocorrência, normalmente encontradas em terrenos sedimentares, incluindo as que seguem:
- uma sequência de camadas (estratos) sedimentares permeáveis e impermeáveis alternadas, comumente representadas por uma sucessão de arenitos e folhelhos;
- essa sequência deve possuir certa inclinação (mergulho) das camadas e uma área de exposição (afloramento) por onde a água pode infiltrar-se no aquífero (recarga do aquífero), situada numa posição topograficamente mais elevada;
- existência de precipitação suficiente e/ou drenagem superficial suficiente na área para que o aquífero possa manter-se sempre saturado.

Aquíferos que satisfaçam as condições mencionadas apresentam suas águas sob elevada pressão hidrostática; desse modo, quando uma sondagem ou uma fratura o interceptam, a água ascende pela abertura originando um poço jorrante ou uma nascente artesiana.

A **Figura 3.7** ilustra uma seção geológica N-S com as condições necessárias para a ocorrência de artesianismo, em que uma camada de arenito permeável encontra-se intercalada entre duas outras de folhelho impermeável, com todo o conjunto de estratos apresentando caimento geral para o sul. Pelo princípio dos vasos comunicantes, a água artesiana consegue ascender, através da perfuração de um poço, até a altura dada pela linha tracejada branca da **Figura 3.7**, que define uma superfície denominada superfície de pressão artesiana ou potenciométrica.

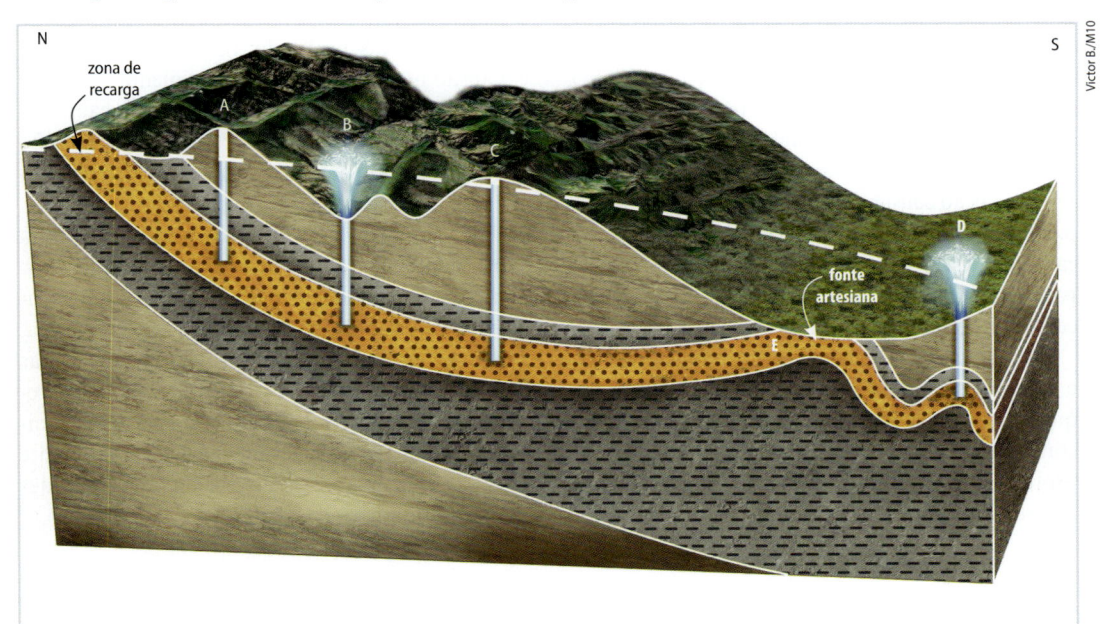

▲ **Figura 3.7** – Condições geológicas e de relevo necessárias para a existência do artesianismo. Em A e C, poços artesianos não jorrantes. Em B e D, poços artesianos jorrantes. Em E, camada rochosa portadora do aquífero. Fonte: modificado de Hamblin e Christensen (1998).

Presumivelmente horizontal, essa superfície, na realidade, apresenta uma inclinação a partir da zona de recarga do aquífero. Esse fato é explicado pelas características dos poros do aquífero, que constituem obstáculo natural ao fluxo d'água, além de fraturas e outras descontinuidades rochosas que provocam perda de carga (perda de pressão) ao longo do sistema.

Os poços artesianos perfurados nos locais A e C da **Figura 3.7** apresentam nível freático (N.A.) na altura da linha tracejada branca e necessitam de bombeamento para produzir. Por outro lado, os poços perfurados nos pontos B e D são jorrantes, uma vez que a superfície potenciométrica se encontra acima da superfície do terreno. Portanto, todos esses poços são artesianos, uma vez que suas águas se encontram sob pressão artesiana e ascendem acima do topo do aquífero.

O local E constitui uma fonte artesiana, que pode formar um corpo d'água (um lago, por exemplo) sem qualquer contribuição de águas de escoamento superficial ou pluviométricas. Essa situação, em desertos, constitui os conhecidos oásis, muito comuns no Saara, onde a zona de recarga dos aquíferos se encontra nas montanhas Atlas.

Fontes termais e gêiseres (*geysers*)

Constituem interessantes manifestações das águas subterrâneas encontradas em áreas vulcânicas recentes. Sob determinadas condições geológicas, rochas associadas a antigas câmaras magmáticas podem permanecer aquecidas por centenas de milhares de anos e transferir parte de seu calor às águas que percolam através das fraturas dessas rochas.

As três principais regiões de fontes térmicas e gêiseres (fontes térmicas que promovem erupções intermitentes de água quente e vapor) no mundo encontram-se no Parque Nacional de Yellowstone (EUA), na Islândia e na Nova Zelândia. Constituem áreas de atividade vulcânica recente, onde as temperaturas das rochas da subsuperfície são anormalmente elevadas. Essa condição constitui um dos três requisitos básicos para a ocorrência dos *gêiseres*; os outros são a presença de um sistema irregular de fraturas nas rochas a partir da superfície e um suprimento abundante e constante de água subterrânea.

As águas que preenchem camadas porosas e permeáveis, intercomunicadas a fraturas e pequenas cavernas, vão se aquecendo gradualmente com o aumento da profundidade. Normalmente, profundidades maiores significam condições de Pressão-Temperatura (P-T) mais elevadas. Uma vez que as águas, nessas circunstâncias, se encontram sob pressões mais elevadas que aquelas situadas a profundidades menores, elas devem ser aquecidas a temperaturas maiores antes de entrarem em ebulição. Nessas circunstâncias (no ponto crítico das condições P-T entre os estados líquido e vapor), qualquer ligeiro aumento de temperatura (ou alívio de pressão, resultante de escape de gases dissolvidos, por exemplo) provoca a vaporização dessa água mais profunda; os vapores provocam expansão no sistema e expulsão violenta de água e vapor através das fraturas que se comunicam com a superfície do terreno. Com esse alívio de pressão e a expulsão dos fluidos, os vazios voltam a se encher de água e o processo é repetido.

Denomina-se energia geotérmica a energia proveniente das águas subterrâneas aquecidas, passíveis de utilização pelo homem. Atualmente é usada em países como EUA, México, Itália, Japão e Islândia, que se aproveitam das águas aquecidas e dos vapores para aquecimento residencial e industrial. Estima-se que a disponibilidade de energia geotérmica seja suficiente para suprir cerca de 1% a 2% das necessidades da humanidade.

Dissolução causada por água subterrânea

O lento movimento das águas subterrâneas não é suficiente para causar a abrasão responsável pela erosão das rochas pelas águas superficiais, mas apresenta elevada capacidade de dissolução, principalmente das rochas denominadas solúveis, como carbonatos e evaporitos.

O agente mais importante na dissolução dessas rochas é um ácido fraco formado pela dissolução do gás carbônico atmosférico (CO_2) pelas águas de chuva, denominado ácido carbônico (H_2CO_3). O ácido sulfúrico (H_2SO_4), formado a partir de compostos de enxofre existentes em combustíveis fósseis (turfa e carvão, principalmente) ou da oxidação de sulfetos, também presentes como minerais acessórios em rochas carbonáticas, pode ocorrer também na água subterrânea. Com outros ácidos orgânicos mais complexos (ácidos húmicos, fúlvicos e urônicos), provenientes da atividade decompositora de microrganismos de solos, esses compostos reagem com os minerais das rochas e causam sua dissolução e remoção. Esse processo erosivo inicia-se com a água percolando planos de falha e planos de acamamento em rochas solúveis. Essas descontinuidades tendem a se alargar ante essa ação de percolação e dissolução por fluidos para formar uma rede subterrânea de aberturas intercomunicáveis que podem gerar verdadeiras cavernas em um estágio posterior.

O prosseguimento desse processo pode aumentar o tamanho das cavernas até o eventual colapso dos tetos. Esse fenômeno pode originar, na superfície do terreno, uma depressão semelhante a uma cratera, normalmente circular e cônica, com a forma de um funil, denominada dolina.

Terrenos constituídos por rochas evaporíticas, contendo minerais como halita e/ou gipsita, além dos calcários e dolomitos, são os mais suscetíveis à ação de dissolução provocada pelas soluções levemente ácidas das águas subterrâneas. É nesse tipo de rocha que se desenvolve a topografia cárstica, termo empregado para designar coletivamente as feições morfológicas resultantes da ação erosiva das águas subterrâneas.

Diferentemente das feições originadas pela ação das águas correntes superficiais, caracterizadas por intrincada rede de vales fluviais, a carstificação não desenvolve um padrão definido de drenagem superficial. Além das dolinas, predominam as seguintes formas de relevo:

- vales cegos – rios que repentinamente desaparecem em sumidouros;
- vales cársticos – formados pelo abatimento dos tetos de galerias de cavernas, frequentemente expondo rios subterrâneos;
- lapiás – caneluras de dissolução que exibem um padrão de sulcos verticais com profundidades de milimétricas a métricas;
- cones (ou torres) cársticos – morros testemunhos, hoje expostos em superfície, que resistiram à dissolução por água subterrânea;
- vales de dissolução – vales formados em áreas de ocorrência abundante de dolinas, onde a dissolução promove o aumento no número, no crescimento (alargamento) e agrupamento (coalescência) dessas feições.

As **Figuras 3.8** e **3.9** ilustram as feições cársticas mais comuns. Deve-se notar que a topografia cárstica pode apresentar fortes contrastes de relevo que exibem regiões planas, salpicadas por dolinas e arrasadas pela dissolução, até paisagens de relevo fortemente movimentado, representado pelas torres cársticas.

Como evidenciado anteriormente, a dissolução

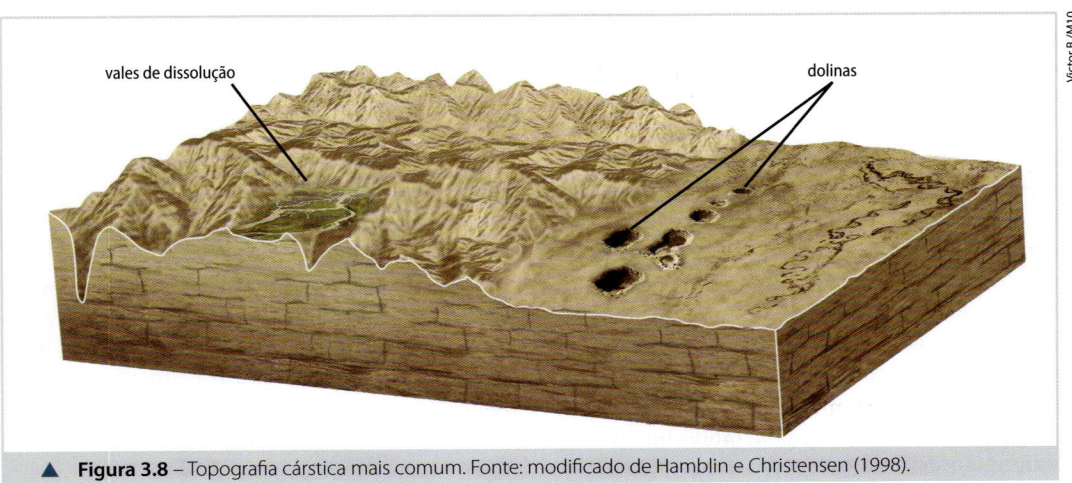

▲ **Figura 3.8** – Topografia cárstica mais comum. Fonte: modificado de Hamblin e Christensen (1998).

das rochas é o processo responsável pela formação da topografia cárstica. Quanto maior for a quantidade de água movimentando-se no sistema, maior será a intensidade dos fenômenos de dissolução. Assim, feições cársticas são restritas a regiões de clima tropical e úmido, como aquele reinante em grande parte do Brasil. Em regiões desérticas, a topografia cárstica não se desenvolve e, desse modo, sua presença em várias áreas do Nordeste brasileiro representa uma herança de paleoclima mais úmido.

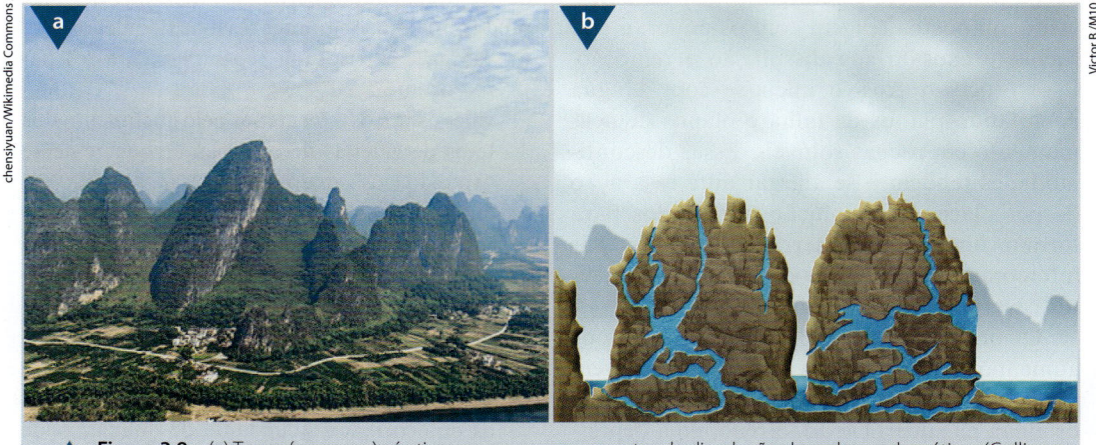

▲ **Figura 3.9** – (a) Torres (ou cones) cársticas: morros remanescentes da dissolução de rochas carbonáticas (Gullin, China); (b) a estrutura interna das torres. Fonte: modificado de Karmann (2009).

Dissolução e precipitação causadas por ação da água subterrânea

As substâncias transportadas (como íons e cátions) pela água subterrânea podem ser precipitadas e originar vários tipos de depósitos, alguns espetaculares, como os espeleotemas (estalactites e estalagmites), e outros nem tanto, como a cimentação de rochas porosas e permeáveis (**Figura 3.10**).

As estalactites são formadas à medida que as águas carbonatadas iniciam o processo de gotejamento, perdendo parte do CO_2 para a atmosfera da caverna e precipitando pequena quantidade de carbonato de cálcio ($CaCO_3$). O gotejamento continuado adiciona mais $CaCO_3$, que constrói protuberância a partir do teto, de formato cilíndrico ou cônico. O gotejamento, quando excessivo, pode originar a formação de uma estalagmite, cujo crescimento se inicia a partir do assoalho da caverna, situada sempre abaixo de uma estalactite. A eventual união de uma estalactite e uma estalagmite origina estruturas que são chamadas de colunas.

Outras estruturas deposicionais muito comuns nesse ambiente são representadas por delgadas cortinas verticais (**Figura 3.11**), desenvolvidas de modo particular e bastante semelhantes à formação das estalactites, em que a percolação da água inicia-se a partir do teto de uma caverna acompanhando uma fissura ou fratura preexistente.

A porção inferior de uma caverna corresponde ao seu assoalho e esse é, de modo geral, bastante irregular, o que causa pequenos desníveis ou terraços no percurso da água subterrânea em seu interior. Esses desníveis podem constituir obstáculos, barrando a água de circulação e formando pequenos lagos no interior das cavernas. O extravasamento da água contida nesses lagos pode originar, também por evaporação, depósitos em franja denominados travertinos (**Figura 3.12**).

Os arenitos e conglomerados podem ser

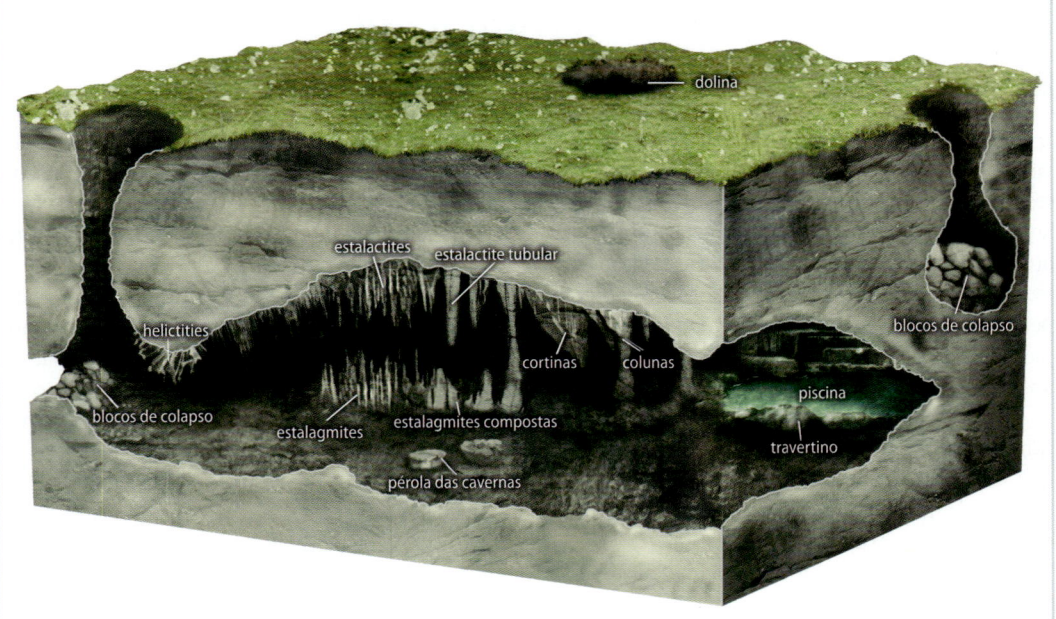

▲ **Figura 3.10** – Ilustração genérica exibindo os principais tipos de depósitos de sedimentos e de formação de estruturas carbonáticas encontrados em cavernas, como, por exemplo, espeleotemas. Fonte: modificado de Hamblin e Christensen (1998).

▲ **Figura 3.11** – Cortina de carcário provinda de dissolução e precipitação de carbonato. Caverna Santana, Parque Estadual Alto Ribeira – Petar – Iporanga- SP.

▲ **Figura 3.12** – Morfologia de calcário travertino. Caverna do Janelão. Parque Nacional do Peruaçu. Município de Itacarambi-MG.

percolados por soluções fluidas concentradas em sílica (SiO_2) ou em carbonato de cálcio ($CaCO_3$), e a precipitação química dessas soluções leva à formação de rochas extremamente compactas. A cimentação pode atingir até 20% do volume original dessas rochas, com fortes reflexos na diminuição da porosidade e da permeabilidade.

ÁGUA SUBTERRÂNEA **65**

Alteração da água subterrânea por atividade antrópica

Como discutido neste e no **Capítulo 1**, o reservatório de "águas subterrâneas" representa o maior reservatório de água doce do planeta, excluindo-se aquele formado pelas geleiras. A água subterrânea atua na construção das cavernas e das delicadas estruturas no seu interior e, além disso, é a responsável pela existência de muitos lagos, fontes de águas límpidas, oásis nos desertos e do constante suprimento aos cursos fluviais.

A aparente superabundância de água subterrânea, no entanto, é prejudicada pelo ser humano, que, de forma irresponsável, degrada a qualidade de seus mananciais de superfície, cujos efeitos podem atingir a subsuperfície.

O "equilíbrio contábil" de entradas (recargas) e saídas (descargas) de água do sistema de água subterrânea levou longo tempo até seu completo estabelecimento e seu equilíbrio natural. Diversos fatores, como a precipitação, o escoamento superficial, a infiltração e a descarga natural em rios, lagos e pântanos, atuaram por milhares e, em alguns casos, milhões de anos até que se estruturasse o equilíbrio hoje observado. A inter-relação entre esses diversos fatores é tão forte que a alteração de apenas um deles conduz a modificações dos demais em busca de um novo equilíbrio.

Será exemplificado a seguir como o manejo e a utilização de alguns desses fatores pelo ser humano podem afetar o equilíbrio dessa porção bastante vulnerável do sistema hidrológico, colocando em risco suas principais funções e qualidades.

Contaminação das águas subterrâneas

As águas subterrâneas são geralmente puras e praticamente dispensam qualquer tratamento para seu consumo. Os materiais de subsuperfície (solos e rochas) contribuem de modo decisivo no estabelecimento desse padrão de qualidade. Frequentemente podem atuar como um autêntico meio filtrante por onde a água subterrânea se move até atingir a zona de saturação. Além disso, as características químicas e mineralógicas podem fazer com que os solos atuem como uma barreira ao avanço de substâncias químicas tóxicas, provenientes de alguma disposição de resíduos poluentes.

Há, entretanto, situações nas quais as camadas do solo são ultrapassadas e colocam em risco a qualidade da água subterrânea em subsuperfície. A disposição final da imensa quantidade de lixo gerada pela atividade humana, compreendendo resíduos industriais, domésticos e aqueles resultantes do tratamento de esgotos em grandes cidades, tem colocado em risco a qualidade das águas superficiais e subterrâneas dos locais onde esses resíduos são dispostos de forma não controlada. Águas pluviais que percolam aterros sanitários mal construídos, lixões ou depósitos de rejeitos tóxicos da atividade industrial ou de mineração geram soluções contendo substâncias tóxicas que, sob determinadas condições, podem migrar e atingir o lençol freático, contaminando, assim, o reservatório de água subterrânea. Os vazamentos originários de fossas sépticas, de tanques de combustíveis enterrados ou da rede de coleta de esgotos podem ter o mesmo efeito. A contaminação também é possível a partir da aplicação, sem o devido cuidado técnico, de fertilizantes e agrotóxicos utilizados em áreas de intensa atividade agrícola (**Figura 3.13**).

Os piores contaminantes são aqueles contendo metais pesados, elementos radioativos, compostos orgânicos ou organoclorados, com alta solubilidade e persistência no meio subterrâneo. A contaminação por derivados de petróleo passou a ser muito frequente em função da alta dependência da humanidade em relação a esse tipo de recurso energético.

Superexploração

Como foi visto anteriormente, a capacidade de armazenar e transmitir água de um aquífero está condicionada aos valores da porosidade e permeabilidade das rochas que o constituem. Por outro lado, a potencialidade de um aquífero está ligada às suas dimensões e ao balanço do ciclo hidrológico, além das solicitações de descargas naturais e artificiais capazes de ser atendidas na dependência do clima reinante na zona de recarga.

A água subterrânea desempenha papel essencial no abastecimento de áreas agrícolas, urbanas, indústrias e propriedades rurais em todo o mundo, em função de sua alta disponibilidade, boa qualidade e

Figura 3.13 – Exemplo de captação de água subterrânea usada na irrigação de lavouras.

custo relativamente baixo de produção e, portanto, vem sendo explorada cada vez mais intensamente. Estima-se que cerca de 20% de toda a água utilizada nos Estados Unidos seja bombeada do subsolo. Dados apresentados por órgãos de controle e abastecimento de água (Daee, Sabesp) indicam que quase 72% dos municípios de São Paulo são total ou parcialmente abastecidos por água subterrânea. Entretanto, a exploração das águas subterrâneas deve ser conduzida de forma controlada e planejada, evitando-se um consumo e uma exploração maiores do que sua capacidade de recarga.

A superexploração de um aquífero ocorre quando o bombeamento excessivo provoca desequilíbrio entre a recarga natural e a extração. A exploração de elevado número de poços pode resultar em consequências indesejáveis, como a diminuição da produção de um poço, a entrada de águas salinas no aquífero ou, ainda, a subsidência de solos em áreas de intensa exploração.

Subsidências

A subsidência de terreno pode resultar da formação ou do colapso de dolinas preexistentes em regiões calcárias, que pode ser induzida pela retirada de água do aquífero cárstico. Em qualquer um dos casos, pode haver consequências desastrosas com a destruição de obras civis como prédios, estradas, túneis, linhas de adução de água ou de coleta de esgotos etc.

A subsidência induzida pode ocorrer pela extração de fluidos da subsuperfície, como petróleo, gás ou água. São mais frequentes em áreas de sedimentos pouco consolidados e recentes, como as planícies costeiras do Japão, que podem apresentar compactação mais pronunciada pela retirada dos fluidos intersticiais.

O caso da Cidade do México representa, provavelmente, o exemplo mais espetacular de subsidência provocada pela superexploração de água subterrânea, tanto pela área abrangida como pela magnitude alcançada (até cerca de 9 metros de subsidência em alguns casos), o que provocou ligeiro adernamento e abatimento da entrada de alguns prédios.

Na área urbana do município de Cajamar (SP) surgiu, em 1986, uma cratera de cerca de 1 000 metros quadrados, com possível origem atribuída ao colapso de uma dolina, que teve repercussão nacional ao ser noticiada pela imprensa local. O processo motivador foi o rebaixamento do nível freático induzido pela extração de água subterrânea, por meio de poços, para uso industrial, combinado a um prolongado período de estiagem. Parte da capacidade de suporte do solo naquela área era dada pela água subterrânea, que ocupava os vazios existentes nos calcários da região.

A cidade litorânea de Nova Orleans (EUA) também exibe feições e é afetada por processos dessa natureza. Essa cidade apresenta extensas áreas que subsidiram em função do bombeamento das águas subterrâneas, muitas delas encontrando-se cerca de 4 metros abaixo do nível do mar. As águas de chuva têm de ser bombeadas a custos elevadíssimos para o Rio Mississippi, que flui 5 metros acima de boa parte da cidade.

Intrusão salina

É um fenômeno relativamente comum de contaminação da água doce dos aquíferos pela água do mar em regiões litorâneas. Nessas regiões, ocorre o encontro das águas subterrâneas doces provindas do continente com as salinas provindas do oceano. A densidade maior da água salina faz com que a "cunha" dessa água penetre abaixo da água doce do aquífero (**Figura 3.14a**).

O bombeamento excessivo da água subterrânea de planícies litorâneas pode contribuir para a formação de cone de depressão no lençol freático, o que rompe o equilíbrio de pressões existente entre os dois corpos d'água e provoca como reação a formação de um cone de ascensão de água salgada

ÁGUA SUBTERRÂNEA **67**

sob o poço (**Figura 3.14b**). Nesses casos, diante da contaminação da água doce pela salgada, tornando salobra a água do poço, é necessário suspender a exploração de água por longo período, de modo que o retorno do lençol freático ao seu nível original seja possível.

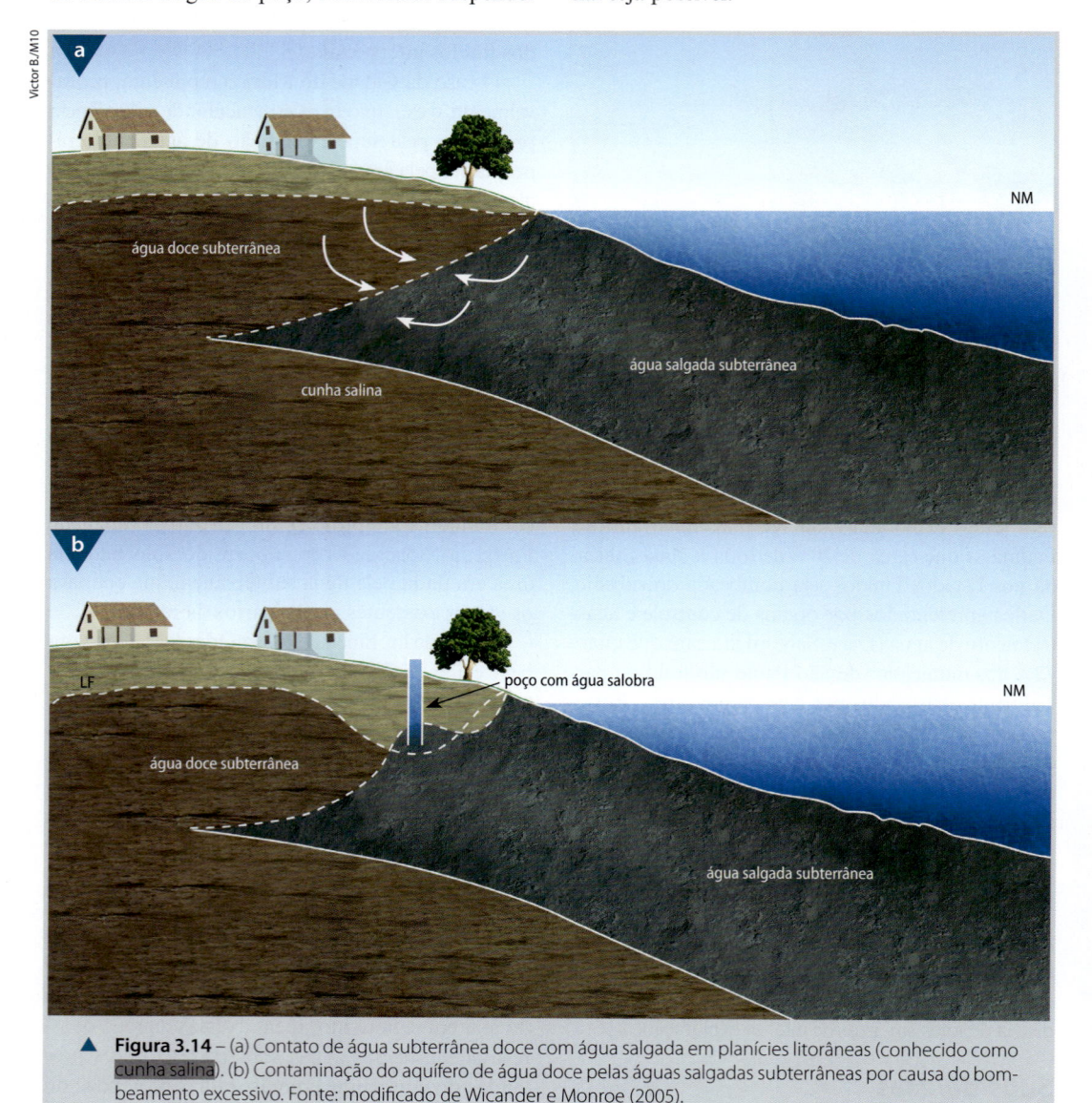

▲ **Figura 3.14** – (a) Contato de água subterrânea doce com água salgada em planícies litorâneas (conhecido como cunha salina). (b) Contaminação do aquífero de água doce pelas águas salgadas subterrâneas por causa do bombeamento excessivo. Fonte: modificado de Wicander e Monroe (2005).

Revisão de conceitos

Atividades

1. As condições climáticas, a topografia e a permeabilidade regulam o estabelecimento do nível hidrostático. Descreva sucintamente como esses fatores influem na formação de um lençol de água subterrânea e como este contribui para a alimentação de uma drenagem superficial.

2. Como se comporta o lençol freático em relação ao relevo e em relação às drenagens de superfície?

3. Estabeleça duas relações entre o lençol freático e o meio ambiente e entre o lençol freático e o relevo.
4. Esquematize um lençol de água subterrânea livre e um artesiano.
5. Faça dois esquemas:

a) represente as interações do nível hidrostático (lençol freático) com uma drenagem de superfície;
b) exemplifique os casos de formação de fontes pela ação do lençol freático.

GLOSSÁRIO

Aquíferos: Rochas porosas e permeáveis, constituintes de uma ou mais unidades geológicas, capazes de armazenar e transmitir água subterrânea através de poros, interstícios entre grãos, fraturas e condutos.

Carstificação: Processo que leva à formação de um tipo de relevo com formas bastante particulares, desenvolvido em quase sua totalidade por dissolução em terrenos constituídos por rochas quimicamente solúveis (rochas carbonáticas, predominantemente, além de alguns tipos de evaporitos, como gipsita ou halita), sob condições hidrológicas tipicamente subterrâneas. Esse processo leva ao estabelecimento de drenagens subverticais e subterrâneas e desenvolve nas rochas uma porosidade marcadamente secundária.

Cone de ascensão: Em regiões litorâneas, é o cone formado pela sucção exercida por um poço de captação de águas subterrâneas que, em virtude do bombeamento excessivo, passa a captar as águas subterrâneas salgadas que se posicionam abaixo das águas subterrâneas doces, na região da cunha salina.

Cone de rebaixamento (ou cone de depressão): Intenso bombeamento em um poço de extração de água, que acaba por promover o rebaixamento do nível freático. Pelo bombeamento, este último é rebaixado no entorno do poço na forma geométrica de um cone com o vértice voltado para baixo.

Cones (ou torres) cársticos: São morros-testemunhos, ou seja, que resistiram aos processos de erosão em regiões cársticas. Constituem relevos residuais que se manifestam como ressaltos topográficos caracterizados por vertentes subverticalizadas e amplitudes que podem variar entre dezenas a mais de uma centena de metros.

Cunha salina: Disposição geométrica dada pelo contato, em áreas litorâneas, entre dois corpos de águas subterrâneas: águas doces continentais e águas salgadas marinhas. O corpo de águas salgadas, mais denso, posiciona-se sob o de águas doces, menos denso, em uma situação de pressões hidrostáticas em equilíbrio. A interface entre esses corpos d'água apresenta-se com mergulho (inclinação) em direção ao continente.

Dolina: Depressão em regiões cársticas, com diâmetro variável (desde poucos até várias centenas de metros) e formato geralmente circular ou oval em planta, podendo atingir mais de uma centena de metros de profundidade. Origina-se de processos de dinâmica comuns em cavernas, iniciando-se por dissolução das rochas, colapso de tetos e, por fim, afundamento da área sobre a caverna.

Espeleotemas: Depósitos minerais, normalmente calcita ou aragonita, nos tetos, paredes e pisos das cavernas, originados acima do nível freático desses ambientes.

Estalactites: Modalidade de espeleotema, representando a deposição de calcita a partir do teto da caverna, por gotejamento das águas que se infiltram a partir da superfície do terreno; essa estrutura "cresce" a partir do teto da caverna, ou seja, de cima para baixo.

Estratos permeáveis: Camadas sedimentares cujas propriedades hidráulicas (porosidade e permeabilidade) permitem o fluxo das águas subterrâneas; arenitos normalmente constituem bons estratos permeáveis.

Fonte artesiana: Surgência natural das águas subterrâneas contidas em um aquífero confinado em uma situação em que a erosão ocasionou a interceptação do aquífero pelo relevo, ou quando alguma estrutura geológica (falha, fratura) intercepta esse tipo de aquífero permitindo a ascensão de suas águas à superfície.

Lençol (ou nível) freático: É o nível superior da zona de saturação, ou seja, o nível abaixo do qual as rochas e os solos estão saturados de água. Trata-se de uma superfície cuja profundidade é variável de local para local, e sua conformação segue aproximadamente a configuração topográfica do terreno. O nível de água encontrado nos chamados poços caipiras, ou cacimbas, é o horizonte do nível freático do local onde o poço se encontra.

Perda de carga: Na mecânica dos fluidos, é a energia perdida por unidade de peso do fluido quando este escoa. No caso dos aquíferos, é a perda de energia dinâmica da água em razão de seu atrito com as partículas constituintes da unidade geológica que a contém.

Permeabilidade: É a capacidade de um fluido percolar pelo interior de uma rocha. Se ela tiver vazios (porosidade) e se esses vazios contiverem água, petróleo, gás etc. e forem intercomunicáveis, esses fluidos podem migrar pelo interior da rocha. Em outras palavras, é a capacidade de uma rocha transmitir um fluido através de seu espaço poroso. Interferem na permeabilidade o tamanho e a forma das aberturas ou interstícios entre grãos, o grau de interconexão entre elas, a pressão hidrostática e a viscosidade do fluido.

Porosidade: Quantidade de espaços vazios que uma rocha possui. Em outras palavras, é a quantidade de "buracos" que uma rocha possui. É a relação entre o volume total de vazios ocupados por um fluido (água, gás, petróleo) e o volume total aparente do solo ou rocha, expressa em porcentagem. As dimensões desses vazios podem ser variáveis, a depender do tipo, estrutura e textura da rocha, de micrômetros a metros.

Potencial hidráulico: Pressão exercida pela coluna de água e/ou coluna de rochas sobrepostas ao horizonte onde se encontra a água em subsuperfície. Varia com a profundidade em que se encontra o lençol freático.

Recarga natural: Representa a entrada de água no aquífero, provinda de drenagens superficiais ou por precipitação da chuva.

Sumidouros: Locais onde um rio de superfície, por questões de estrutura do relevo ou por solubilidade das rochas locais, "penetra" repentinamente o interior do terreno, através, por exemplo, de um abismo que leva a uma caverna. É o ponto onde as águas de superfície tornam-se subterrâneas.

Superfície de pressão artesiana ou potenciométrica: Nível dado pela altura que a água alcança em poços artesianos, naturalmente jorrantes, que exploram as águas de um mesmo aquífero. Pelo princípio dos vasos comunicantes, essa altura seria a mesma do nível freático na área de recarga do aquífero. No entanto, em razão das perdas de carga, essa superfície perde altura progressivamente à medida que se afasta da área de recarga.

Topografia cárstica: Conjunto de feições de relevo únicas, originado pela atividade erosiva das águas subterrâneas, típicas de áreas onde existem rochas solúveis. Essas feições envolvem dolinas, vales de dissolução, sumidouros, cavernas e torres cársticas. A presença de sistemas de juntas e fraturas nas rochas favorece o desenvolvimento da topografia cárstica.

Vales cegos: Rios que repentinamente desaparecem na superfície do terreno em locais que passam a denominar-se "sumidouros". A conformação de vale pode ou não existir à jusante do sumidouro e, no caso de existir, pode representar um testemunho da época em que o sumidouro ainda não tinha se originado.

Vales de dissolução: Vales formados em áreas de ocorrência abundante de dolinas, onde a dissolução promove o aumento no número, no crescimento (alargamento) e no agrupamento dessas feições.

Vesículas: Estrutura típica de topo de derrames de algumas rochas ígneas extrusivas, como os basaltos, em que bolhas gasosas tenham expulsado seu conteúdo de gases durante o resfriamento do magma, resultando em uma feição oca, de seção transversal circular a elíptica e dimensões variadas (de milimétricas até métricas). A presença generalizada de vesículas confere a esses basaltos uma textura característica, denominada vesicular.

Zona de aeração (ou zona vadosa): Região acima do nível freático que pode ou não conter água. Se houver água, ela estará aderida sob a forma de um filme às partículas do solo ou, então, em movimento vertical, a caminho do nível freático. Também é chamada zona insaturada ou vadosa.

Zona de saturação: Região abaixo do nível freático e que se encontra permanentemente saturada ou "encharcada" de água.

Referências bibliográficas

FEITOSA, F.A.C.; MANOEL FILHO, J. *Hidrogeologia*: conceitos e aplicações. Fortaleza: CPRM, LABHID – UFCE, 1997.

HAMBLIN, W. K.; CHRISTIANSEN E. H. *Earth's Dynamic Systems*. 8. ed. New Jersey: Prentice Hall, 1998.

HIRATA, R. Recursos hídricos. In: TEIXEIRA, W. et al. *Decifrando a Terra*. São Paulo: Oficina de Textos, 2000. p. 422-444.

_____; VIVIANI-LIMA, J. B.; HIRATA, H. A água como recurso. In: TEIXEIRA, W. et. al (Orgs). *Decifrando a Terra*. São Paulo: Companhia Editora Nacional, 2009. pp. 448-485.

KARMANN, I. Ciclo da água: água subterrânea e sua ação geológica. In: TEIXEIRA, W. et al. *Decifrando a Terra*. São Paulo: Oficina de Textos, 2000. p. 113-138.

_____. Água: ciclo e ação geológica. In: TEIXEIRA, W. et. al (Orgs). *Decifrando a Terra*. São Paulo: Companhia Editora Nacional, 2009. pp. 186-209.

REBOUÇAS, A. C. Água subterrânea. In: REBOUÇAS, A. C.; BRAGA, B.; TUNDISI, J. G. *Águas doces no Brasil*. 3. ed. São Paulo: Escrituras, 2006.

WICANDER, R.; MONROE, J. S. *Fundamentos de Geologia*. Cengage-Leraning, 2006. 508 pg. Revisão técnica, adaptação e redação final de M. A. Carneiro.

CAPÍTULO 4
A ação dos rios na superfície da Terra
Joel B. Sigolo

Principais conceitos

- A água de chuva, quando atinge a superfície terrestre, pode seguir três caminhos: infiltrar-se, escoar-se ou evaporar-se, para integrar-se ao ciclo hidrológico.

- Ao escoar, a água forma filetes que se reúnem em um canal mais ou menos delimitado e escoam por gravidade até chegar ao oceano. Assim, nesse percurso originam-se os sistemas coletores, de transporte e de dispersão de sedimentos até seu destino final (lago ou oceano), onde pode ou não formar um delta.

- Os rios representam o principal fator de denudação continental. Sua ação é condicionada pelo clima e pela quantidade e tipo do material que ele transporta.

- O rio erode (remove o material terrestre intemperizado), transporta e deposita (acumula) os sedimentos. Sua capacidade de erosão depende da velocidade, que varia com o gradiente topográfico e a quantidade de água e com o tamanho e a quantidade de partículas transportadas.

- Em um sistema fluvial, as partículas finas, principalmente silte e argila, são transportadas por suspensão (carga em suspensão), e as grossas, especialmente seixos e areia grossa, são transportadas por tração, arrasto ou rolamento no fundo do rio (carga de fundo); as partículas intermediárias (areia fina) são transportadas por saltação (alternância entre carga de suspensão e de fundo), e o material dissolvido é transportado na forma iônica (carga em solução).

- Um rio apresenta três fases: (1) juvenil, quando existe um excesso de energia e predominância dos processos de erosão e transporte; (2) maturidade, quando há um equilíbrio entre erosão e transporte; e (3) senil, de baixa energia, quando predomina o transporte de sedimentos finos e em solução que leva à formação de amplas planícies de inundação e de um canal meandrante, caracterizado por baixo gradiente.

▲ Vale de drenagem no caminho de Jujuy para o Parque de lós Cardones, Argentina.

Introdução

A Terra é um planeta dinâmico e em constante transformação. Sua dinâmica interna é responsável pela movimentação das placas litosféricas e dos fenômenos associados, como a expansão do assoalho oceânico, a formação das cadeias de montanhas (orogênese), atividades vulcânica e sísmica etc. Apresenta também uma dinâmica externa, que decorre da interação da superfície terrestre com a atmosfera e hidrosfera, resultando em processos de erosão, transporte e sedimentação, intimamente ligados ao ciclo da água (ver **Capítulo 1**). Desse modo, a superfície do planeta é modelada pelos efeitos decorrentes das dinâmicas interna e externa, sendo que os processos ligados à erosão e à dispersão dos sedimentos tendem a nivelar as irregularidades criadas na superfície da Terra pela orogênese e pelo vulcanismo, por exemplo. Os rios têm um papel importante na modificação do relevo: eles não apenas transferem o excesso de água desde o continente até o oceano, mas também transformam as paisagens pela sua capacidade de erodir, transportar e depositar os sedimentos, que são produtos oriundos do intemperismo das rochas e dos processos ligados à denudação por movimentos de massa e da erosão, em geral. Os rios promovem também a redistribuição dos nutrientes minerais para a biosfera. Além disso, embora de forma incorreta, eles recebem, diluem e transportam os despejos das diversas atividades humanas e representam importante via de transporte. Os rios sempre desempenharam um papel importante para a história da humanidade, tanto para seu desenvolvimento como para sua sobrevivência, como: Rio Nilo, no Egito; o Sena, em Paris; o Tâmisa, em Londres; o Mississippi, em Nova Orleans; e os rios Tietê e Pinheiros, em São Paulo; entre outros. Na bacia do Rio Yang-tse--Kiang, na China, vivem hoje cerca de 300 milhões de pessoas.

Desde sua origem, os rios passam por várias fases: juventude, maturidade e senilidade, antes de seu desaparecimento ou rejuvenescimento. Portanto, quais são as principais características de um rio ao longo de sua história evolutiva? Quais são os fatores que controlam sua dinâmica? Quais são os processos geológicos associados? Como as atividades antrópicas interferem na evolução natural de um rio? É o que se tentará mostrar neste capítulo.

Principais características de um sistema fluvial

Considere o rio como um sistema e não somente como um canal de escoamento de água. Em um sistema fluvial, inserido em uma bacia hidrográfica (conjunto de diversos rios interligados), podem ser reconhecidos três sistemas: um coletor, um de transporte e um de dispersão (**Figura 4.1**).

O sistema coletor de um rio é composto por uma rede de tributários na região das cabeceiras, que coleta e drena a água das áreas mais altas (montante) para as áreas mais baixas (jusante). O arranjo e as dimensões dos cursos d'água em uma bacia de drenagem são ordenados. A bacia hidrográfica ou de drenagem é separada das bacias adjacentes por uma área mais alta chamada de divisor de águas. Os cursos d'água de uma bacia hidrográfica seguem uma ordem, segundo a qual cada rio apresenta tributários cada vez menores. Quando não possuem mais tributários, eles são classificados como rios de primeira ordem. Quando dois rios de primeira ordem se encontram, formam um sistema de segunda ordem. Rios de terceira ordem são formados pelo encontro de dois rios de segunda ordem, que podem ter tributários de primeira e de segunda ordens. Portanto, um sistema fluvial é semelhante a uma árvore com um tronco e um número crescente de ramos cada vez menores (**Figura 4.1**). Para onde há um ramo principal que se ramifica para a jusante, os tributários são progressivamente menos numerosos, porém são mais longos e se tornam mais profundos e mais largos.

A área de uma bacia hidrográfica pode ser inferior a um quilômetro quadrado ou muito ampla, atingindo de dezenas a centenas de quilômetros quadrados. A bacia hidrográfica do Rio Amazonas, por exemplo, possui uma área de drenagem superior a 5,8 milhões de km^2, dos quais 3,9 milhões de km^2 situam-se no Brasil, e representa uma das maiores bacias hidrográficas da Terra. O restante de sua área estende-se pelo Peru (o rio nasce na Cordilheira dos Andes), Bolívia, Colômbia, Equador, Guiana e Venezuela.

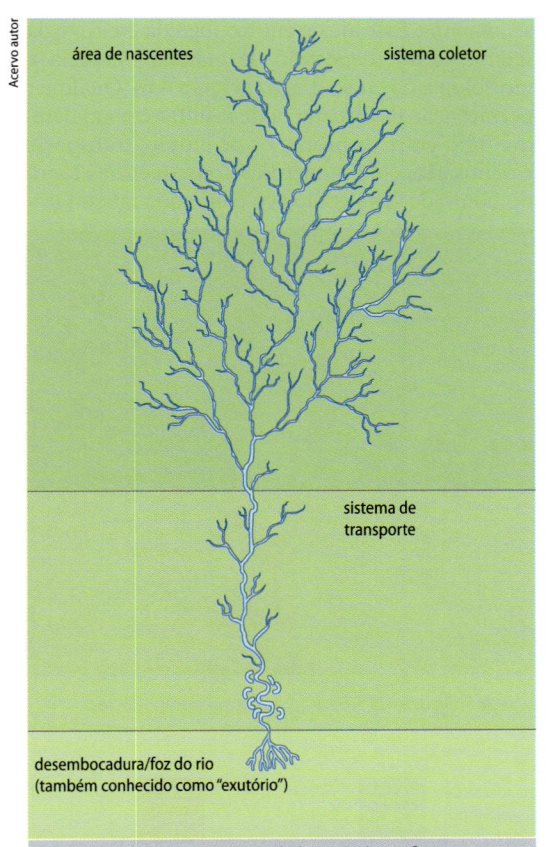

▲ **Figura 4.1** – Esquema de bacia hidrográfica composta por um sistema coletor, um sistema de transporte e um sistema de dispersão, desde a nascente até a desembocadura (ou foz) do rio. Fonte: modificado de Hamblin e Christensen (1998).

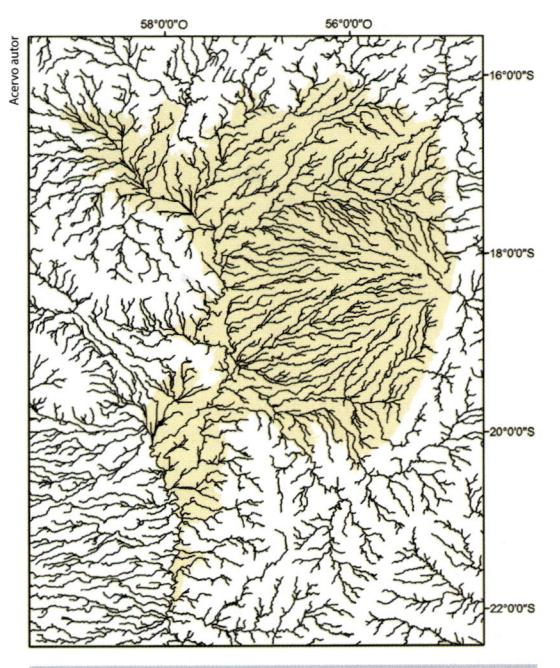

▲ **Figura 4.2** – Padrão de drenagem dendrítico, ou arborescente com os tributários distribuindo-se em várias direções e com ângulos ligados na junção das drenagens. A drenagem principal divide-se longitudinalmente em três sistemas: coletor, transportador e dispensor. Fonte: modificado e adaptado de Hamblin e Christensen (1998).

▲ **Figura 4.3** – Padrão de drenagem retangular definido pela confluência de duas direções de drenagem em ângulos retos. Esse tipo de padrão de drenagem é controlado em geral por estruturas/lineamentos com orientação ortogonal entre si. Serra dos Órgãos, RJ.

Os padrões de drenagem de uma bacia hidrográfica são controlados por fatores geológicos, como litologia (tipo de rochas) e tectônica (feições estruturais), que podem variar ao longo do curso de um rio, principalmente quando ocupam grandes áreas, como as bacias dos rios Amazonas e Mississippi. Existem vários padrões de drenagens: o mais comum é o dendrítico, o termo vem da palavra *dendron*, que em grego significa "árvore" e sugere a semelhança com uma árvore ramificada. Rios menores constituem os tributários oriundos de vários locais que se juntam a um rio principal. Esse tipo de drenagem desenvolve-se geralmente em terrenos homogêneos, tanto do ponto de vista litológico como do estrutural (Figura 4.2).

Um padrão de drenagem retangular ocorre quando há "cortes" na drenagem, em razão da existência de estruturas (falhas ou juntas) ortogonais (Figura 4.3).

Um padrão de drenagem que apresenta um arranjo de várias drenagens que irradiam a partir do centro em direção à periferia é chamado drenagem em padrão radial. Esse padrão é típico de áreas com topografia elevada no centro, como nos cones vulcânicos ou intrusões graníticas (batólitos) (Figura 4.4).

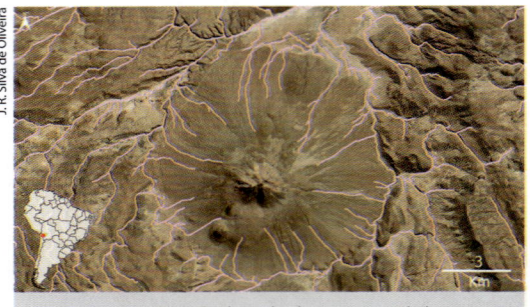

▲ **Figura 4.4** – Padrão de drenagem radial.

Em regiões com declividade acentuada, a drenagem pode escoar tributários paralelos entre si, por causa da presença de estruturas do substrato, que são paralelas ao mergulho do terreno. Nesse caso, o padrão é classificado como paralelo (**Figura 4.5**).

O sistema de transporte é o curso principal do rio que funciona como um canal, por meio do qual a água e os sedimentos são carreados da área coletora até o oceano. Embora o principal processo seja o transporte, ocorre também uma coleta de água e sedimentos adicionais oriundos de processos de erosão e deposição.

O sistema de dispersão consiste em uma rede de distribuição na foz do rio, onde a água e os sedimentos adentram um corpo de água, que pode ser outro rio, um lago ou um oceano, perdem velocidade e depositam os sedimentos. O principal processo é a deposição de sedimento grosso e a dispersão do material fino e das águas do rio na bacia receptora.

Equilíbrio dinâmico

Uma bacia hidrográfica pode ser considerada um sistema aberto com fluxos de entrada (precipitações, energia solar entre outros fatores) e de saída de energia e de matéria. A morfologia da bacia evolui em resposta a essas entradas e saídas. Ao escoar, a água adquire energia. À medida que o gradiente topográfico diminui, a energia também diminui. A partir desse momento, não são mais os processos de erosão e transporte que predominam, mas sim os processos de deposição. Um rio está sempre em busca do equilíbrio entre sua energia potencial, ou seja, a capacidade que ele tem de "trabalhar", e o material que ele transporta. Se o rio tem muito mais energia a dissipar do que a quantidade de material que ele transporta, o processo de erosão vai se tornar predominante. De modo inverso, se a quantidade de material que ele transporta for maior do que sua energia, o rio cederá esse material depositando sedimentos. Esse ajuste entre o jogo da erosão e da sedimentação (deposição de material) modela a morfologia do curso d'água (**Figura 4.6**). Qualquer perturbação do sistema pode resultar em um desequilíbrio entre os processos de erosão, transporte e deposição, com numerosas consequências tanto do ponto de vista geológico como do ambiental.

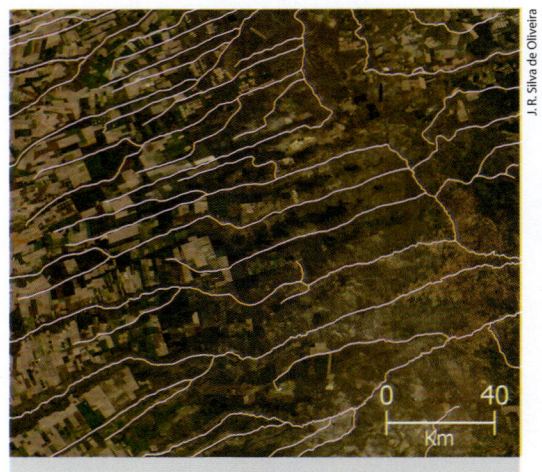

▲ **Figura 4.5** – Padrão de drenagem paralelo.

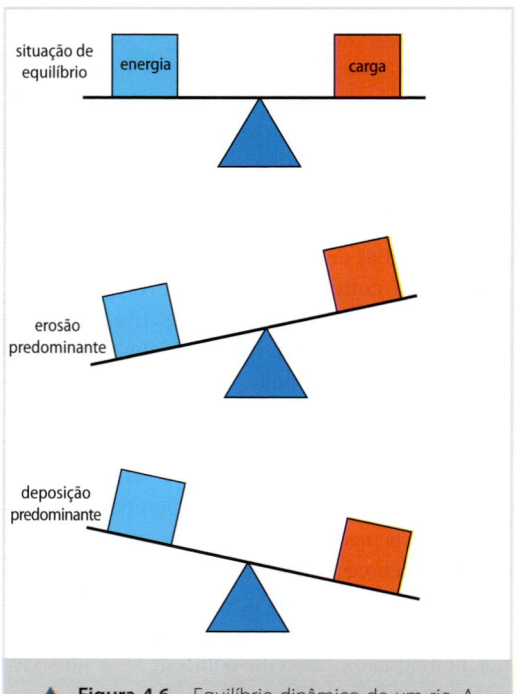

▲ **Figura 4.6** – Equilíbrio dinâmico de um rio. A erosão é controlada por um balanço entre a força do rio (energia) e a resistência à erosão (carga sedimentar).

Dinâmica fluvial

Ao observar o curso de um rio, ocorrem mudanças no traçado do seu canal, no seu regime e na velocidade da água, ou seja, na sua dinâmica. Isso está relacionado com os processos de erosão, de transporte e de deposição e com a velocidade de denudação da bacia (produção de sedimentos).

Os diversos fatores ou parâmetros que controlam a dinâmica do sistema fluvial são intimamente ligados entre si, ou seja, a variação de um desses fatores provoca a mudança dos outros. Entre eles podemos citar a largura e a profundidade do canal, a rugosidade do leito do rio, a declividade e a cobertura vegetal das margens, mas os mais importantes são a descarga, a velocidade de fluxo, o gradiente, a carga de sedimentos e o nível de base.

Os rios ou cursos d'água deslocam grandes volumes de água na superfície terrestre. Esse volume é variável e é resultado da interação entre o clima e a fisiografia. Em regiões de grande altitude (regiões montanhosas), os cursos d'água nascem do degelo das geleiras (regime glacial) ou do derretimento da neve (regime nival). É o caso de muitos rios do Canadá, da Sibéria e do norte da Europa e de rios na cadeia de montanhas dos Andes, na América Latina. Outros cursos d'água podem ser oriundos do escoamento superficial (excesso de precipitação) e/ou alimentados por nascentes ou água subterrânea, o que caracteriza um regime pluvial.

A descarga de um rio é a quantidade de água que passa em um determinado ponto durante um intervalo de tempo. O Rio Amazonas, por exemplo, com 6 400 km de comprimento e mais de 1 000 tributarios, tem uma descarga média anual de 180 000 m³/s. O fornecimento de água é variável ao longo do ano: por exemplo, a taxa entre precipitação e evaporação, que depende do clima, varia entre o inverno e o verão, bem como a taxa de escoamento na bacia de drenagem, o que condiciona um comportamento sazonal e, consequentemente, variações na descarga dos rios. Em função disso, os rios apresentam épocas de cheias e estiagem.

Quadro 4.1 – A ação humana sobre o equilíbrio de um rio: exemplo do Rio Tietê

Nos últimos séculos, as atividades humanas têm aumentado sua influência sobre as bacias hidrográficas e, consequentemente, sobre o sistema fluvial, seja por meio de modificações diretas no canal fluvial, para controlar as vazões ou para alterar sua forma (estabilização das margens, controle de enchentes, erosão, deposição e exploração), ou por meio de mudanças indiretas que modificam a descarga e a carga sólida do rio, como as atividades ligadas ao uso da terra (remoção da vegetação, práticas agrícolas intensas e urbanização).

O Rio Tietê é um bom exemplo para ilustrar esse desequilíbrio criado no sistema fluvial pela ação humana.

A canalização de um rio envolve a modificação direta de sua calha, desencadeando impactos consideráveis em seu canal e em sua planície de inundação (**Figura 4.7**). A passagem da draga, para aprofundar o canal, provoca o abaixamento do nível de base, o que acaba favorecendo a retomada erosiva de seus afluentes e o consequente aumento dos processos erosivo e deposicional.

A construção de numerosas barragens no Rio Tietê, para o aproveitamento do seu potencial hidrelétrico, ocorreu a partir do início do século XX (barragem Edgard de Souza, em Santana do Parnaíba; barragem de Pirapora de Bom Jesus, famosa pelos seus amontoados periódicos de espuma ligada ao uso de detergentes; barragem de Barra Bonita; barragem Três Irmãos (que permitiu o aproveitamento parcial da água do Tietê na usina de Ilha Solteira). A construção de barragens em vales fluviais acaba rompendo o equilíbrio natural dos rios: na montante da barragem, o nível de base sofre ascensão, alterando a forma do canal e a capacidade de transporte, provocando um aumento na produção de sedimentos para o reservatório que possui, por consequência, uma vida útil; no reservatório, a água que antes corria em direção à jusante é represada, constituindo um meio propício para deposição acentuada de sedimentos, podendo provocar o assoreamento do reservatório.

Figura 4.7 – Calha do Rio Tietê, São Paulo, SP.

A urbanização (entre outras mudanças no uso da terra) aumenta a área de impermeabilização do solo, causando um aumento no fluxo de água que escoa em direção ao canal principal (**Figura 4.8**).

A ocupação das margens e várzeas do rio acentua esse fenômeno e tem como consequência os problemas causados pelas enchentes (**Figura 4.9**).

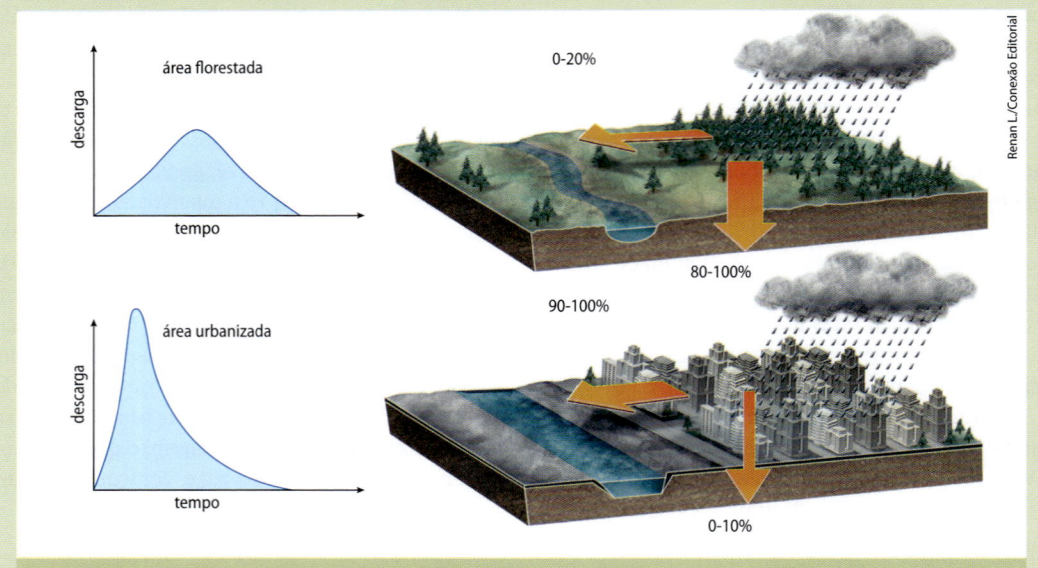

▲ **Figura 4.8** – Modelo esquemático ilustrando o efeito do desmatamento e da impermeabilização da superfície no aumento do escoamento da água. Fonte: modificado de Hamblin e Christensen (1998).

▲ **Figura 4.9** – Enchente do Rio Tietê, em São Paulo, SP.

A velocidade da água (expressa em metro por segundo) também não é constante e depende da morfologia e da rugosidade do canal de um rio. Ela é máxima abaixo da superfície na direção central do escoamento e mínima no fundo e nas margens do rio. Quem já atravessou um rio nadando pôde observar esse fenômeno. A velocidade determina significativamente o tipo de fluxo, que pode ser laminar ou turbulento. O fluxo laminar é caracterizado pelo seu movimento calmo, no qual a água se movimenta em lâminas, que permanecem paralelas entre si, e gera superfícies planas de água. No fluxo turbulento, a velocidade é mais rápida e os filetes de água se misturam, formam turbilhões e não são mais paralelos entre si ou paralelos ao fundo. É também provocado pela presença de obstáculos, que desviam as lâminas de água. Assim, a velocidade da água, que determina um regime de fluxo específico durante seu escoamento, influencia diretamente sua capacidade de erosão e de transporte. No entanto, a velocidade da água depende do seu volume, ou seja, quanto maior for o volume de água, mais rápido será o fluxo, o qual também é proporcional ao seu gradiente. Quanto maior for a declividade (ângulo) entre a nascente e a foz maior será sua velocidade.

O gradiente de um rio é a relação entre seu comprimento e sua altitude, ou seja, uma relação de distância e altura entre sua nascente e sua foz. O gradiente é mais acentuado na região das cabeceiras (nascente) e vai diminuindo em direção à jusante (foz). O perfil longitudinal típico (corte do rio da montante à jusante) é côncavo. É expresso em metros (declividade) por cada quilômetro percorrido pelo rio. A partir do perfil longitudinal é possível também classificar cada trecho do rio ao longo do seu canal de escoamento (**Figura 4.10**). A velocidade da água é maior no gradiente acentuado do que no gradiente mais suave. O Rio Amazonas apresenta uma inclinação muito pequena: em um trecho de 3 000 km em território brasileiro, ele inclina-se apenas 15 m.

O nível de base de um rio é um nível horizontal imaginário, abaixo do qual a deposição predomina sobre a erosão e o intemperismo e, acima do qual, a erosão e o intemperismo predominam sobre a deposição. Em outros termos, é o menor nível a partir do qual o rio pode erodir. Para a maioria dos rios, o último nível de base é o nível do mar, pois a energia do rio é quase totalmente reduzida ao entrar no oceano. No caso dos tributários, por exemplo, o nível de base corresponde à sua confluência com um rio maior.

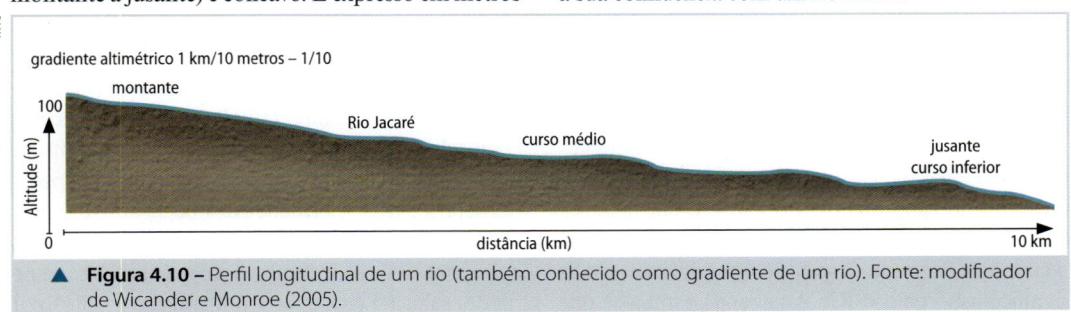

▲ **Figura 4.10** – Perfil longitudinal de um rio (também conhecido como gradiente de um rio). Fonte: modificador de Wicander e Monroe (2005).

Processos de erosão fluvial

A erosão fluvial é um dos principais processos de modelagem da paisagem e da superfície terrestre. Esse processo continuará atuando ao longo do tempo até que o sistema fluvial não exista mais e a superfície terrestre não esteja mais exposta acima do nível do mar.

Um dos exemplos mais evidentes que ilustram a ação erosiva dos rios é a formação de cânions escavados em paredões rochosos por rios encachoeirados. Os sistemas fluviais erodem a paisagem e evoluem segundo três principais processos: a retirada do regolito, produzido pelo intemperismo de rochas, o aprofundamento do canal fluvial por abrasão e a erosão remontante em direção à montante, alargando seu vale fluvial até atingir seu divisor.

Ao se aprofundar em busca de seu perfil de equilíbrio, os rios entalham os vales. Esse processo atua por abrasão do substrato com o material removido e carreado pela água. Ao atravessar rochas homogêneas e pouco resistentes, os rios apresentam um perfil transversal em V, enquanto em rochas mais maciças e mais duras, como o calcário ou o granito, os rios se aprofundam verticalmente formando cânions (**Figura 4.11**).

▲ **Figura 4.11** – Cânion do Buraco. Chapada Diamantina, BA.

Outro exemplo de erosão é a formação de "piscinas" no pé das cachoeiras, por causa da grande pressão exercida pela água em alta velocidade nas rochas do substrato e de "marmitas" por cavitação (Figura 4.12).

A erosão é mais intensa na entrada do vale em virtude, principalmente, da sua relação com o declive. A água que circula por meio de sua rede de drenagem converge em direção ao seu exutório (Figura 4.1), onde um canal fluvial se inicia e concentra o volume de água. A água adquire mais velocidade e seu poder erosivo aumenta, consumindo e ampliando seu vale em direção à jusante. Finalmente, a erosão progressiva do relevo pelos rios conduz a formação de imensas áreas aplainadas.

▲ **Figura 4.12** – Marmitas formadas por processo de cavitação em um rio. Poços de Caldas, MG.

Processos de transporte fluvial

A água tem um papel importante na transformação da paisagem, carreando e transportando grandes quantidades de sedimentos. Esse material que foi arrancado da superfície pela erosão está pronto para ser transportado. A capacidade de um fluido mobilizar e transportar sedimentos depende da sua velocidade.

A carga de um rio é constituída por diferentes tipos de materiais: um material grosso, que é movimentado no fundo (carga do leito); e um material fino, que fica em suspensão na água (carga em suspensão). A carga em suspensão é geralmente a mais significativa – para o Rio Amazonas, estima-se que 95% do material particulado seja transportado em suspensão, enquanto a carga de fundo representaria somente de 1% a 2% do transporte de material. Os rios transportam também quantidades consideráveis de elementos em solução, como cálcio (Ca^{2+}), sódio (Na^+), magnésio (Mg^{2+}), potássio (K^+), sulfatos (SO_4^{2-}), bicarbonatos (HCO_3^-), cloretos (Cl^-) e muitos outros compostos solúveis em água, oriundos do intemperismo de rochas, do escoamento da água e da alimentação provida pelas águas subterrâneas, constituindo, dessa maneira, uma carga em solução.

A capacidade de transporte de um rio é a quantidade máxima de sólidos que a água pode transportar em um determinado ponto por unidade de superfície e por unidade de tempo (10 g/m²/s, por exemplo). A competência de um rio designa o maior tamanho de partículas sólidas que ele pode carrear. Essas propriedades dependem da velocidade e do tipo de fluxo da água.

No rio, os sedimentos podem ser transportados por vários tipos de transporte: rolamento e arraste no fundo, saltação (transporte por pequenos saltos por causa do impacto sucessivo de partículas) e transporte em suspensão. As partículas roladas e arrastadas no fundo constituem a carga do leito, geralmente formada por cascalhos, seixos e areias grossas. A carga em suspensão é principalmente composta por argilas e siltes, o que confere o caráter barrento dos cursos d'água. As partículas intermediárias (areia fina) são transportadas por saltação (alternância entre cargas de suspensão e de fundo) (Figura 4.13).

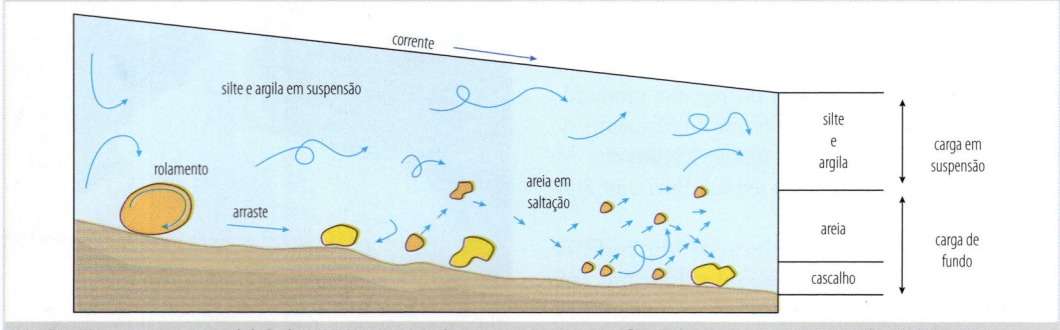

▲ **Figura 4.13** – Modalidades de transporte das partículas em um fluxo de um rio. Fonte: modificado de Hamblin e Christensen (1998).

Desse modo, a granulometria das partículas sedimentares influencia seu transporte e sua velocidade de sedimentação. Essas relações estão sintetizadas no diagrama de Hjulström (**Figura 4.14**).

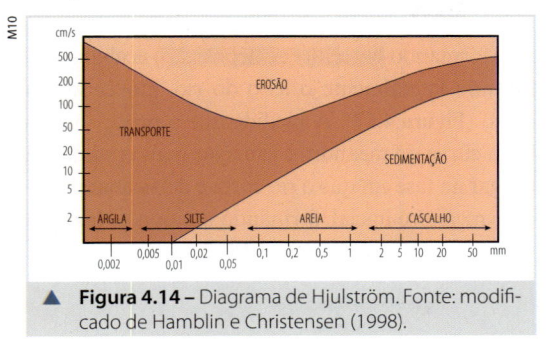

Figura 4.14 – Diagrama de Hjulström. Fonte: modificado de Hamblin e Christensen (1998).

Este gráfico mostra a velocidade mínima necessária para a água mobilizar, transportar e depositar grãos de granulometria variável. A parte superior do gráfico (erosão) mostra que, para as partículas médias e grossas (areias finas a cascalhos), a velocidade da água necessária para movimentar os grãos aumenta com sua granulometria. Mas, para as partículas finas (0,1 mm), a curva mostra um aumento da velocidade e uma diminuição da granulometria. Esse comportamento pode parecer paradoxal, porém ele é a consequência da intensa coesão que existe entre as partículas finas. Assim, um grão de areia de 0,1 mm é erodido e transportado pela água com uma velocidade superior a 20 cm/s, ainda é transportado se a velocidade for mantida acima de 5 cm/s, mas é depositado se a velocidade for inferior. A uma velocidade de 100 cm/s, a água transporta em suspensão as partículas de tamanho inferior a 0,005 mm, erode e transporta as partículas de tamanho entre 0,005 e 10 mm e deposita as partículas de tamanho superior a 10 mm.

A distribuição dos sedimentos no sistema fluvial depende da distribuição da velocidade da água. Os sedimentos mais grossos são concentrados onde a velocidade é mais alta, enquanto os mais finos são distribuídos nas zonas de velocidade decrescente. Mas a granulometria dos sedimentos diminui em direção à jusante, pois o sedimento mais fino é transportado com maior facilidade e para mais longe que o material mais grosso. Além disso, com o tempo, as partículas mais grossas são progressivamente erodidas, reduzindo seu tamanho por abrasão e impactos e aumentando a carga de sedimentos mais finos.

A composição das águas varia também ao longo do sistema fluvial. Os rios geralmente atravessam vários tipos de terrenos, e a carga do fundo vai mudando por causa da introdução de sedimentos de composição diferente ao longo do sistema fluvial (**Figura 4.15a**). Muitas vezes, observamos, ainda, diferenças de coloração ou transparência nas águas de um rio. Isso ocorre porque a produção de sedimentos também varia com o tempo e ao longo do sistema, o que implica que os processos erosivos e de transporte ocorrem em diferentes taxas (**Figura 4.15b**).

Figura 4.15a – Confluência de duas drenagens: no primeiro plano com carga de sedimentos em suspensão; e, no segundo plano, mais translúcida com carga em solução.

Figura 4.15b – Exemplo de drenagem onde predomina o sistema de transporte em solução

Processos de deposição fluvial

A acumulação do material erodido e transportado corresponde aos processos de deposição ou sedimentação. Esses processos geralmente ocorrem de maneira mais significativa no baixo curso de um rio, onde a declividade é menos acentuada. Desse modo, quando o rio começa a perder energia em virtude de uma mudança do seu gradiente, por exemplo, seu poder de transporte diminui e o rio começa a depositar uma parte de sua carga em vales aluviais, na planície de inundação, em ilhas e bancos de areias no canal do rio e nos deltas ao entrar no oceano. Porém, a acumulação de sedimentos não é sempre aparente, pois pode ocorrer também no leito fluvial ou no fundo de lagos.

As planícies de inundação (ou várzeas) representam a forma mais comum da deposição fluvial. Essa, por sua vez, é formada durante as enchentes, quando a água transborda do canal principal e invade as áreas vizinhas. Nela são depositados aluviões e outros materiais carregados pelo rio. No limite entre a planície de inundação e o canal fluvial existem saliências alongadas, formadas por sedimentos e chamadas de diques marginais. Os rios que ocupam as planícies de inundação são caracterizados por um canal meandrante com curvas sinuosas (Figura 4.16) ou um canal entrelaçado (ou anastomosado), onde vários canais se cruzam graças às variações na carga de sedimentos e às flutuações do volume de água.

Os meandros somados em meio aos depósitos aluviais apresentam uma configuração em seu curso que otimiza o escoamento da água. A erosão das margens côncavas e o depósito nas margens convexas (formando barreiras de deposição) acabam deslocando lateralmente o leito do rio, movendo seu curso (Figura 4.17). À medida que o processo evolui, a curva do meandro é cada vez mais erodida até chegar na fase em que o rio corta e deixa abandonado o meandro inicial, formando um tipo de lago em forma de meia-lua (Figura 4.18).

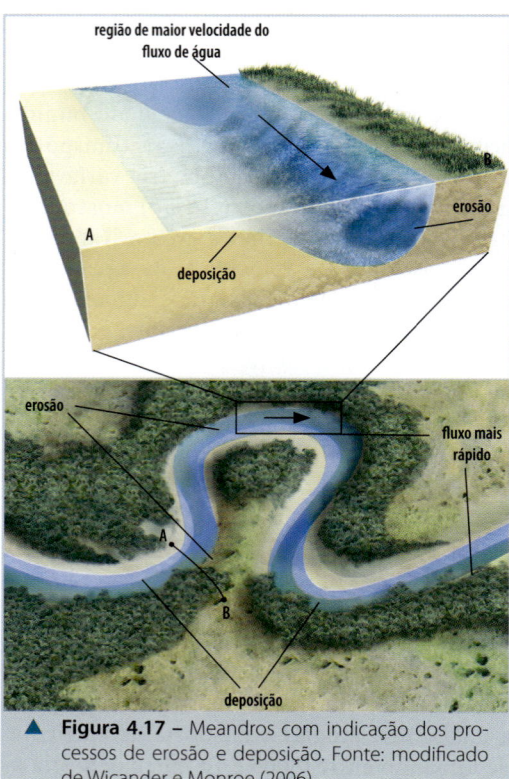

▲ **Figura 4.17** – Meandros com indicação dos processos de erosão e deposição. Fonte: modificado de Wicander e Monroe (2006).

Todo rio apresenta variações na profundidade do leito ou na velocidade do escoamento da água. Até as partes mais retilíneas do curso d'água apresentam um fundo acidentado com concavidades e saliências. Pouco visíveis durante as épocas de cheias (Figura 4.19a), esses pequenos relevos são expostos em períodos de estiagem quando a superfície das zonas pouco profundas ondula sob o sol, criando verdadeiros bancos de areia (Figura 4.19b).

▲ **Figura 4.16** – Rio Meandrante com canais abandonados. Pantanal (MS).

▲ **Figura 4.18** – (a) Exemplo de um meandro ativo evoluindo para a formação de meandro abandonado; (b) Exemplos de meandros ativos (parte central da foto) e abandonados (canto inferior à direita e canto superior à esquerda da foto). Fonte: modificado de Wicander e Monroe (2006).

Labels on figure (a): zona de erosão acentuada; lago de meandro abandonado.

▲ **Figura 4.19** – (a) Rio Abobral em períodos de cheia. (b) Bancos de areia no mesmo rio em períodos de estiagem.

Ao desaguar no oceano ou no mar, ou seja, onde o rio atinge seu nível de base, a água do rio que não é mais confinada no seu canal perde velocidade e tende a se espalhar. A acumulação do material carregado pelo rio nessas regiões costeiras pode conduzir à formação de um delta. Sua formação é o resultado da interação entre os processos fluviais e os processos marinhos e é condicionada à pouca dispersão dos sedimentos pelas ondas e marés. Portanto, não é sempre que um delta se forma quando um rio entra no oceano. Em mares interiores ou lagos, também pode haver formação de deltas.

Existem diversos tipos de sistemas deltaicos, pois dependem dos processos dominantes no local. Eles podem estar sob o domínio fluvial ou sob o domínio das ondas ou das marés (**Figura 4.20**). A evolução de um sistema deltaico ocorre com o deslocamento do curso d'água em distributários sucessivos, progredindo aos poucos em direção ao mar. À medida que o sistema evolui, ocorre uma distribuição das partículas depositadas em função de seu tamanho; assim, as partículas mais grossas se acumulam mais perto da desembocadura do rio do que as partículas mais finas, que são levadas e depositadas mais longe. No Brasil, somente o Rio Parnaíba forma um delta ao chegar no oceano (**Figura 4.20**).

Em regiões áridas, os sedimentos carregados pelos rios são depositados na base das áreas de altitude mais elevada, como no pé das montanhas. A deposição decorre da perda brusca de velocidade da água declive abaixo. O canal do rio é rapidamente obstruído pela carga elevada de sedimentos e a água tende a se espalhar em busca de novos caminhos para escoar. Esse processo promove a construção de leques aluviais (**Figura 4.21**), que diferem dos deltas (**Figura 4.22**) pelo fato de não progredirem no oceano e apresentarem sedimentos mais grosseiros e pouco intemperizados.

▲ **Figura 4.20** – Imagem aérea do Rio Paraíba do Sul ao desembocar no Oceano Atlântico, mostrando vários tributários, barras (5), ilhas (73), igarapés (milhares), manguezais, dunas e praias.

▲ **Figura 4.21** – Leque aluvial na Província de Tilcara, Argentina.

DELTAS

acumulação de sedimentos na desembocadura do rio em um lago ou no oceano

domínio fluvial (Rio Mississippi)

domínio da maré (Rio Ganges)

domínio das ondas (Rio Nilo)

Mississippi

Ganges

Nilo

▲ **Figura 4.22** – Deltas dos rios Mississippi, Nilo e Ganges.

Registros característicos de um rio

Foi demonstrado que um rio deposita no seu canal (ou canais) quantidades de seixos, cascalhos e areias na forma de barreiras. Durante as cheias ou enchentes, o rio invade sua planície de inundação e deposita materiais mais finos (siltes, argilas). Os sedimentos depositados apresentam ainda características que permitem associá-los com os processos fluviais: os grãos são arredondados, classificados e estratificados.

Existe, portanto uma seleção horizontal e vertical (**Figuras 4.23** e **4.24**) das partículas depositadas pelo rio que pode ser observada nos diferentes registros geológicos (**Figura 4.25**).

Os terraços fluviais são antigas planícies de inundação que foram abandonadas. Eles se apresentam como áreas aplainadas, limitados por uma escarpa em direção ao curso d'água. Ou seja, são

▼ Estratificação gradada (a)

▼ Estratificação cruzada (b)

▲ **Figura 4.23** – Depósitos de conglomerados constituídos essencialmente de seixos de origem fluvial. (a) Estratificações gradadas são oriundas de vários eventos de seleção granulométrica horizontal. Ocorre em meandros, por exemplo. (b) Estratificação cruzada em arenito depositado pela passagem de uma drenagem (rio antigo). Parte das camadas está horizontal e parte depositada de modo inclinado. Cascalheira do Rio Ribeira de Iguape, Areal São Sebastião.

A AÇÃO DOS RIOS NA SUPERFÍCIE DA TERRA

localizados a uma altitude mais elevada em relação ao rio e representam os vestígios de um antigo leito no qual o rio se aprofundou (**Figura 4.26a** e **b**). Terraços podem ser construídos por aluviões (terraços aluviais) (**Figura 4.27**) ou ser o produto da erosão de um leito rochoso (terraço rochoso) ou de um antigo terraço. A gênese desses terraços pode ser atribuída a diversos processos, como a variação do nível do mar, movimentos tectônicos e mudanças climáticas.

▲ **Figura 4.24** – Seleção granulométrica das partículas pelo fluxo de água de um rio. (a) Imagem de sedimentos grosseiros depositados na margem do rio. (b) Imagem de sedimentos arenosos finos depositados na margem do rio. Fonte: modificado e adaptado de Schum e Khan (1972).

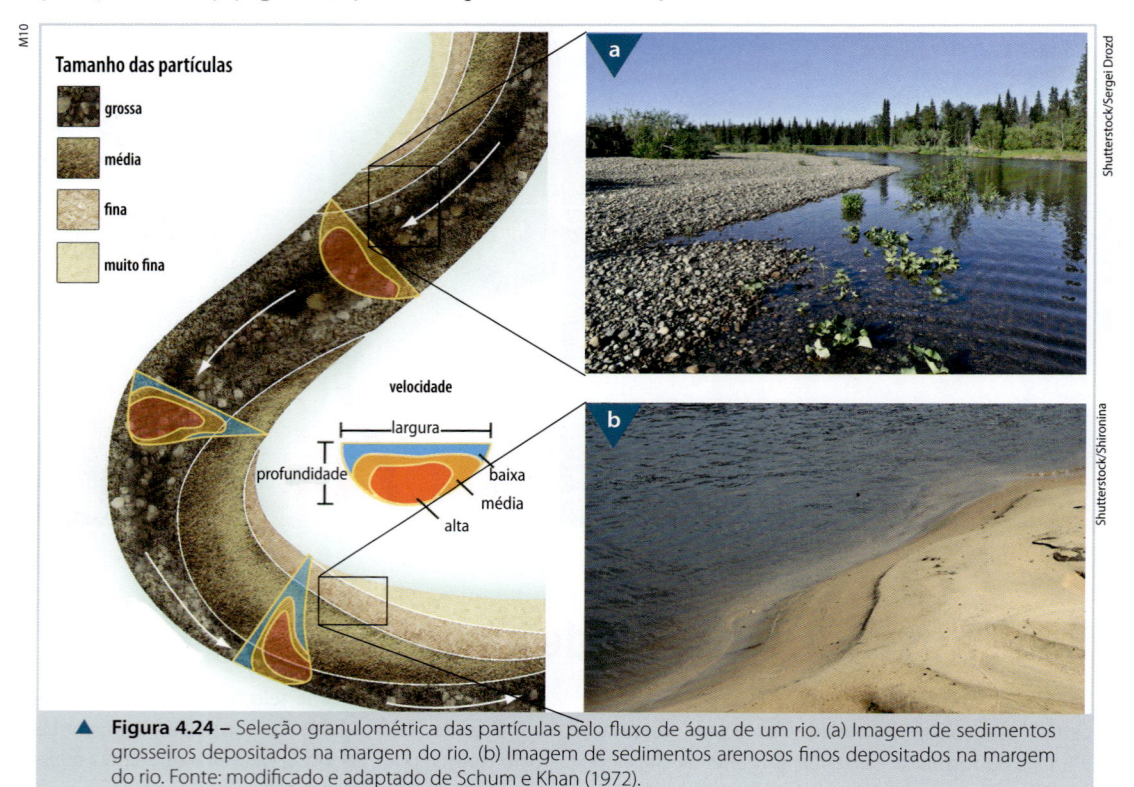

▲ **Figura 4.25** – Registro de um depósito fluvial. Cascalhos arredondados do Rio Ribeira de Iguape. A parte inferior avermelhada corresponde a rochas metamórficas pré-cambrianas profundamente alteradas pelo intemperismo, as quais foram escavadas pelo antigo leito do rio.

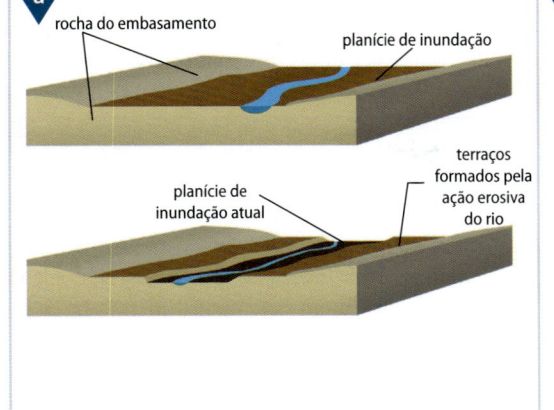

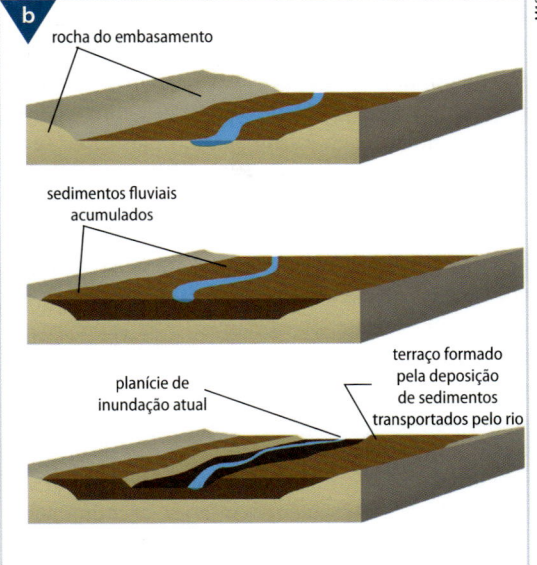

▲ **Figura 4.26** – Formação de terraços fluviais. (a) Terraços mais antigos formados quando o rio ocupava uma posição mais elevada em relação à sua posição atual. (b) Terraços formados pela deposição sucessiva e alternada de sedimentos transportados pelo rio na planície de inundação. Fonte: modificado por Wicander e Monroe (2006), p. 277.

▲ **Figura 4.27** – Terraços fluviais no Rio Ribeira de Iguape. Terraço no nível do rio é o mais novo e o terraço elevado é o mais antigo (no canto direito da foto).

Síntese

O gradiente de um rio diminui sistematicamente da cabeceira (montante) em direção à desembocadura ou foz (jusante), enquanto a descarga, a velocidade e as dimensões do canal aumentam. Em resposta a certa quantidade de escoamento, os sistemas fluviais se desenvolvem com o tamanho e o espaço estritamente necessários para mover a água de cada parte da superfície com a maior eficiência.

Um rio jovem caracteriza-se por vales em V. O rio é considerado maduro quando suas vertentes são menos acentuadas, seus vales são mais amplos e apresenta a formação de meandros e uma planície de inundação; ele é senil quando suas águas são calmas no seio de uma planície muito ampla e com a presença de meandros abandonados.

Após um domínio da erosão profunda (curso superior do rio), o rio segue com seu curso médio, com menor declividade e correnteza. O rio erode na zona central do escoamento da água e nas zonas externas mais turbulentas (erosão lateral e profunda), enquanto onde a água é mais calma ocorre uma acumulação de materiais por causa da diminuição de sua energia. Processos de erosão e acumulação equivalentes caracterizam o curso central do rio. No seu curso inferior, predominam os processos de deposição. Por erosão lateral, o rio cria meandros que podem se entrecortar e formar zonas de águas calmas (braço morto do rio).

Revisão de conceitos

Atividades

1. Qual é o papel de um rio no ciclo hidrológico?
2. Qual é a organização de um sistema fluvial?
3. Quais são os principais processos geológicos que atuam em um sistema fluvial?
4. Como ocorre o transporte de material em um sistema fluvial?
5. Quais são as principais características dos sedimentos fluviais?
6. Quais são os parâmetros a serem considerados no quadro de controle de enchentes em área urbana?

GLOSSÁRIO

Aluviões: Sedimentos depositados por rios e lagos, compostos de cascalho e areia (fração mais grossa), silte e argila (fração mais fina), que predomina nas zonas inundáveis.

Assoreamento: Acúmulo de sedimentos (areia, argila, detritos etc.) na calha de um rio, em sua foz, em uma baía, em um reservatório ou lago, consequência direta de enchentes, como resultado do mau uso do solo e da degradação da bacia hidrográfica, causada pela remoção da cobertura vegetal (desmatamentos), monoculturas, garimpos predatórios, construções etc.

Baixo gradiente: É quando um rio possui uma declividade muito baixa, próxima da horizontal e, nesse caso, ele passa a migrar de um lado para outro, tornando-se meandrante, e passa a erodir os depósitos de sua planície de inundação. Quando o gradiente é elevado, a drenagem e o leito do rio apresentam forte declive, a exemplo do que ocorre nas regiões serranas.

Bacia hidrográfica ou **bacia de drenagem**: Área ou região delimitada ou drenada por um curso d'água principal e seus tributários (afluentes, que constituem sua alimentação).

Bacia hidrográfica: Área total de captação das águas que fluem para um determinado rio, considerado principal.

Barreiras de deposição: Depósitos de sedimentos provindos de rios que vão se acumulando em determinado ponto do mesmo. Esses depósitos formam uma barreira que represa a água e forma, nesse caso, um lago fluvial.

Canal: Resulta da interação entre as forças do fluxo e a resistência das rochas e sua forma pode variar em função dos processos de degradação e agradação. O canal de um rio pode ser único (retilíneo, sinuoso ou meandrante) ou múltiplo (ramificado, anastomosado ou entrelaçado).

Canal entrelaçado ou **anastomosado**: Rio com múltiplos canais pequenos e rasos que se subdividem e se reúnem aleatoriamente, separados por bancos e ilhas de areia.

Canal meandrante: O rio descreve um trajeto extremamente sinuoso com a formação de meandros. Isso ocorre quando o rio entra numa planície.

Canal ramificado: Surge quando um braço de rio que volta ao leito principal, formando uma ilha. Por exemplo, o Rio Araguaia originando a Ilha do Bananal, maior ilha fluvial do mundo.

Canal retilíneo: O rio percorre um trajeto relativamente reto. Morfologia que pode ser explicada por controle tectônico (falha, fraturas, contatos verticais de litologicas).

Carga: Quantidade de material que passa pelo canal (seção) de um rio por unidade de tempo. É composta de material grosso (carga do leito), material fino (carga em suspensão) e substâncias em solução (carga dissolvida).

Cavitação: Fenômeno associado à erosão fluvial em sistema de fluxo turbulento. Durante o escoamento da água, bolhas de ar são formadas e carregadas em associação com partículas sólidas (fragmentos finos de rocha, quartzo, areias de diversas composições). Ao chegar em uma zona onde ocorre um aumento de pressão, por exemplo, perto de uma superfície rochosa, essas bolhas se desfazem e provocam um impacto na mesma e nas partículas sólidas do substrato do rio. Esses impactos sucessivos provocam com o tempo um deslocamento do material e a formação de cavidades.

Cheia: Ocorre no período de maior vazão de um curso d'água e promove o avanço do rio sobre sua planície de inundação.

Delta: Foz de um rio que desemboca no mar ou em um lago em forma de leque ou triângulo, geralmente dividida em vários braços, onde os sedimentos (aluviões) são acumulados.

Deltas: Áreas de deposição aluvial desenvolvidas na desembocadura de um rio, comumente com formato triangular ou de um leque, quando observado em planta. Na região do delta, o rio principal se divide em vários afluentes, podendo estender-se para além dos limites da costa, resultando em depósitos não removíveis pela ação de ondas, marés e correntes.

Dendrítico: Padrão de drenagem que se assemelha à estrutura de uma árvore. É derivado do termo "dendros".

Denudação: Processo de erosão promovido pela ação de uma drenagem ou mesmo por uma bacia hidrográfica completa.

Descarga: Descarga de um rio que representa a vazão em m3/s de água que passa por determinado ponto do mesmo.

Diques marginais: Região situada no limite entre a planície de inundação e o canal fluvial. Nesse local ocorrem saliências alongadas, formadas pelo acúmulo de sedimentos.

Divisor de águas: Linha imaginária na topografia do terreno de altitude mais elevada que separa bacias hidrográficas adjacentes e pode ser verificada nas cartas topográficas.

Drenagem em padrão radial: Designa uma bacia hidrográfica que flui de modo radial a partir de um ponto. As mais comuns são aquelas que circundam edifícios vulcânicos. Poços de Caldas-MG e sua caldeira vulcânica é circundada por drenagens centrípetas para o centro do maciço e centrífugas para fora da borda do maciço.

Erosão remontante: Processo que leva ao aprofundamento dos cursos d'água e se inicia à jusante e progride lentamente em direção à montante de um rio, provocando o recuo das suas cabeceiras.

Fluxo laminar: Caracterizado por um deslizamento suave e paralelo das lâminas ou camadas de água.

Fluxo turbulento: Fluxo rápido de água no qual as linhas de corrente misturam-se, cruzam-se e formam turbilhões e não são paralelas entre si ou ao fundo do rio. É também provocado pela presença de obstáculos e variações bruscas na declividade do rio ou no relevo (quedas, cachoeiras).

Gradiente: Representa a declividade de um rio que vai da nascente até a sua foz.

Jusante: Direção para onde correm as águas de um rio, em direção de sua foz. A expressão "vou caminhar para jusante" indica que se caminha no sentido à direção da foz do rio.

Leito fluvial: Espaço ocupado permanente ou temporariamente pelas águas do rio e pode ter a configuração de um vale profundo. O leito menor do rio é bem delimitado pelas margens. Nele podem ocorrer irregularidades com trechos mais profundos (depressões) e menos profundos. O período de vazante ocupa o leito menor e permite o escoamento das águas baixas. O leito maior é a área ocupada temporariamente pela água durante as cheias.

Marmitas: Cavidades circulares que podem atingir alguns metros de diâmetro, cavada no leito rochoso do rio pelo turbilhonamento da água com cascalho.

Meandro (ver **canal meandrante**): Curva sinuosa e regular descrita por um rio. A margem côncava é consumida pela correnteza e apresenta um declive mais acentuado que a margem convexa onde os sedimentos são depositados.

Montante: Porção referente à nascente do rio. A expressão " vou caminhar para montante" significa que se está dirigindo no sentido da nascente do rio.

Nível de base: Nível final de chegada da água abaixo do qual o curso d'água não pode mais se aprofundar por erosão. Pode ser o nível do mar para o rio principal, um tributário ou um lago para um curso d'água menor.

Ordem: Cada rio tem tributário e cada tributário tem tributários menores. Os menores segmentos não possuem tributários e são classificados como rios de primeira ordem (1). A junção de dois rios de primeira ordem forma um rio de segunda ordem (2), o qual possui somente tributários de primeira ordem. Rios de terceira ordem (3) são formados pela junção de dois rios de segunda ordem e podem ter tributários de primeira e de segunda ordem e assim por diante.

Planície de inundação: Áreas planas adjacentes às margens de um rio que são sujeitas a inundações periódicas durante às épocas de cheias na região. A drenagem é deficiente e o escoamento da água ocorre pelo canal da drenagem do rio que a formou.

Rede de drenagem: Conjunto hierarquizado e interligado de canais que promove o escoamento superficial permanente ou temporário de uma bacia de drenagem ou de uma região.

Regime glacial: Fluxo fluvial (vazão de um rio) comandado pelo derretimento de geleiras e consequente movimentação da água em estado líquido durante determinado período do ano (verão).

Regime nival: Refere-se à variação da quantidade de água de um rio (cheias e vazantes) relacionado à origem das águas. Se de precipitações pluviométricas, o processo é chamado de regime pluvial. Se a oscilação do volume das águas ocorre em função do derretimento de geleiras, ele é chamado regime nival.

Regime pluvial: Fluxo fluvial comandado por intensa precipitação pluviométrica (chuva) e medida de vazão por um ano em consequência das chuvas. Um bom e exemplo é o que ocorre na Amazônia hoje.

Terraços fluviais: Representam antigas planícies de inundação de um rio. O processo de escavação contínuo do rio promove a erosão do terraço anterior e a formação de um novo em um nível mais baixo. Assim, os terraços mais antigos são mais elevados e os mais novos situam-se numa cota mais baixa. Eles podem também ser formados pelo soerguimento tectônico do relevo e, consequentemente, do leito do rio.

Tributários: Ver ordem de drenagens e seus tributários.

Vales suspensos: Feição do relevo caracterizada por vales tributários com fundo em cotas mais elevadas que o fundo do vale principal, indicativa de ação de geleiras ou de escavação de um rio integrante de uma bacia hidrográfica.

Referências bibliográficas

CHRISTOFOLETTI, A. *Geomorfologia fluvial* – Vol. 1. O canal fluvial. São Paulo: Edgard Blücher, 1981.

HAMBLIN, W. K.; CHRISTENSEN, E. H. *Earth's Dynamic Systems*. 8. ed. New Jersey: Prentice Hall, 1998, 740 p.

KARMANN, I. Água: ciclo e ação geológica. In: TEIXEIRA, W. et. al (Orgs). *Decifrando a Terra*. São Paulo: Companhia Editora Nacional, 2009. pp. 186-209.

PRESS, et al. *Para entender a Terra*. 4. ed. Porto Alegre: Bookman, 2006.

SCHUM, S.A.; KHAN, H.R. Experimental studies of channel patterns. *Geological Society of America Bulletin*, 1972, 83:1755-1770.

SKINNER, B.J.; PORTER, S.C. *The dynamic Earth* – An introduction to Physical Geology. 3. ed. New York: John Wiley & Sons, INC, 1995.

TEIXEIRA, W. et al. *Decifrando a Terra*. São Paulo: Oficina de Textos, 2000.

WICANDER, R.; MONROE, J.S. *Fundamentos de Geologia*. Cengage-Leraning, 2006. 508 pg. Revisão técnica, adaptação e redação final de M. A. Carneiro.

CAPÍTULO 5
A ação das geleiras na superfície da Terra
Renato P. de Almeida e Joel B. Sigolo

Principais conceitos

▶ Geleiras são gelo em movimento formados onde a taxa de acumulação de neve é maior que a taxa de derretimento a cada ano.

▶ Os principais tipos de geleiras são: continentais e alpinas. As geleiras continentais são calotas de gelo com espessuras de até 3500 m que recobrem grandes áreas em regiões polares. As geleiras alpinas ocorrem em vales elevados em montanhas como nos Andes, Alpes e Himalaias.

▶ As geleiras movem-se lentamente por deformação plástica ou, no caso de geleiras com temperaturas próximas do ponto de fusão, por deslizamento basal sobre um nível rico em água.

▶ Apesar do movimento constante, a posição da frente da geleira pode variar pouco, pois a acumulação nas regiões de maior precipitação é compensada pelos processos de ablação, principalmente o derretimento, nas regiões terminais da geleira, com altitudes ou latitudes mais baixas.

▶ À medida que a geleira se movimenta, ela erode seu substrato, arrancando blocos de diversos tamanhos e promovendo abrasão pela raspagem de blocos contra o substrato rochoso. Esses fragmentos são transportados com o gelo até a área de ablação, onde se depositam.

▶ Depósitos formados diretamente pela ablação do gelo são chamados *tills*. Retrabalhamento dos sedimentos glaciais por águas de degelo ou por ondas e correntes costeiras são comuns em regiões próximas às geleiras.

▶ Ciclos de avanço e recuo das geleiras continentais ao longo do tempo de existência da Terra têm sido causados por mudanças climáticas decorrentes de ciclos astronômicos. Diversos desses ciclos marcam o registro geológico do Pleistoceno.

▲ Geleira do tipo continental na Ilha Rei George, Shetlands do Sul, Península Antártica.

Introdução

A Terra vista do espaço exibe grandes áreas cobertas por neve e gelo, concentradas nas regiões polares e nas áreas elevadas de cadeias de montanhas. Essas áreas ocupam quase 10% da superfície do planeta, sendo que as principais, nas regiões polares, podem alcançar mais de 3 000 m de espessura de gelo, resultante da acumulação progressiva de neve. Esses grandes volumes de gelo constituem importantes reservatórios de água retirada do sistema atmosfera-hidrosfera e sua dinâmica influencia o nível dos oceanos, o aporte de sedimentos para os mares e o clima em escala global.

A maior parte das acumulações de gelo do planeta encontra-se em movimento, pois o gelo formado pela compactação da neve comporta-se como um fluido muito viscoso que se move lentamente de regiões elevadas para regiões baixas e de áreas de acumulação mais espessa para áreas de menor espessura, espalhando-se como mel sobre uma mesa inclinada suavemente. Essas massas de gelo em movimento são chamadas geleiras ou glaciares. Campos de neve perene que não se movem ou o gelo formado a partir da água do oceano nas regiões polares não são considerados geleiras.

Geleiras formam-se quando a precipitação anual de neve, que ocorre nos meses de inverno, supera a ablação concentrada nos meses de verão. Em áreas onde a temperatura não permite o derretimento do gelo em nenhuma época do ano, mesmo pequenas precipitações de neve resultam em acumulação progressiva. Por outro lado, em áreas em que a oscilação de temperatura resulta em derretimento de parte da neve acumulada na estação anterior, a formação de geleiras depende de altos valores de precipitação de neve.

Fora das regiões polares, a energia solar recebida pela superfície da Terra é maior em decorrência do maior ângulo de incidência dos raios solares. Nesses locais apenas áreas com altitude elevada apresentam temperaturas adequadas para a formação de geleiras. Quanto mais baixa for a latitude, maior será a altitude mínima para a formação de geleiras.

A altitude mínima para a formação de geleiras é denominada linha de neve e varia desde o nível do mar em áreas polares até mais de 5 000 m próximo à linha do Equador (Figura 5.1).

Nas regiões elevadas de baixas e médias latitudes, a oscilação de temperatura pode ser grande e o principal fator para a formação de geleiras é o volume de precipitação de neve. Assim, em uma mesma montanha, o flanco voltado para o rumo do qual provém a umidade (normalmente voltado para um oceano) pode apresentar desenvolvimento de geleiras, enquanto o flanco oposto pode acumular apenas pequenas quantidades de gelo por causa da escassez de neve.

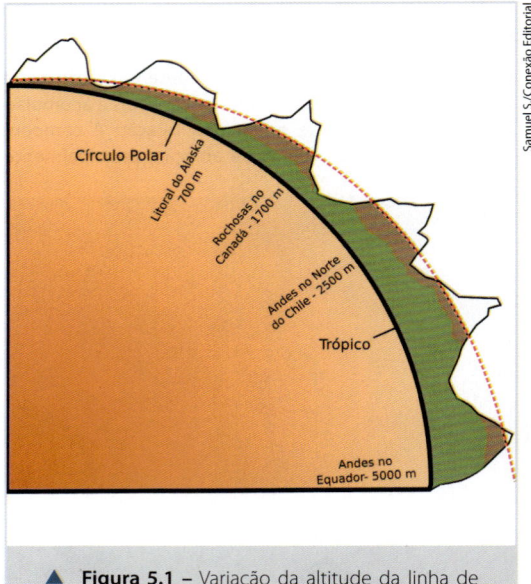

▲ **Figura 5.1** – Variação da altitude da linha de neve com a variação da latitude. Fonte: modificado e adaptado pelos autores.

Como as áreas acima da linha de neve em latitudes moderadas a baixas são poucas e relativamente pequenas, a maior parte das geleiras encontra-se nas regiões polares. As geleiras que recobrem a maior parte da Antártida são responsáveis por cerca de 84% da área coberta por geleiras no planeta e outros 12% estão sobre a Groenlândia.

Tipos de geleiras

As geleiras formadas em altitude diferem das formadas sobre massas continentais de altas latitudes com relação ao tamanho, morfologia e dinâmica. Assim, pode-se distinguir dois tipos principais de geleiras:

Geleiras tipo alpino, também denominadas geleiras de vale, caracterizam-se por ocupar vales nas encostas de montanhas, constituindo fluxos estreitos e alongados, com profundidade de até algumas centenas de metros. Geleiras do tipo alpino (Figura 5.2) apresentam fluxo mais rápido que as continentais, da ordem de dezenas de metros por ano, em função da elevada declividade das encostas onde se formam. Nas cabeceiras dos vales glaciais ocorrem geleiras menores, com até 1 km de diâmetro e de forma semicircular, denominadas geleiras em circo (Figura 5.3).

Em regiões de baixas e médias latitudes, as geleiras do tipo alpino são restritas às porções superiores dos vales, porém, em latitudes mais elevadas, essas geleiras podem alcançar o sopé das cadeias de montanhas, onde se espalham formando as chamadas geleiras de piemonte (Figura 5.4).

▲ **Figura 5.2** – Geleira do tipo alpino. Perito Moreno, El Calafate, Argentina.

▲ **Figura 5.4** – Exemplo de geleira de piemonte. Geleira Malispina, Alasca.

▲ **Figura 5.3** – Exemplo de geleira em formato circular.

Geleiras continentais são grandes massas de gelo sobre áreas continentais em altas latitudes, caracterizadas por ocuparem grandes superfícies, como a geleira continental da Antártica (**Figura 5.5a**), que recobre mais de 12 500 000 km². Também as espessuras de gelo são superiores às encontradas em geleiras do tipo alpino (**Figura 5.5b**, cortes AB e CD da **Figura 5.5a**), ultrapassando os 3 000 m. As velocidades de fluxo em geleiras continentais são menores que em geleiras alpinas, da ordem de alguns metros por ano, pois o fluxo é causado principalmente por diferenças de espessura entre as áreas centrais e as bordas da geleira, com interferência apenas local da declividade do fundo. O padrão de fluxo característico de geleiras continentais é de dispersão radial (**Figura 5.6**).

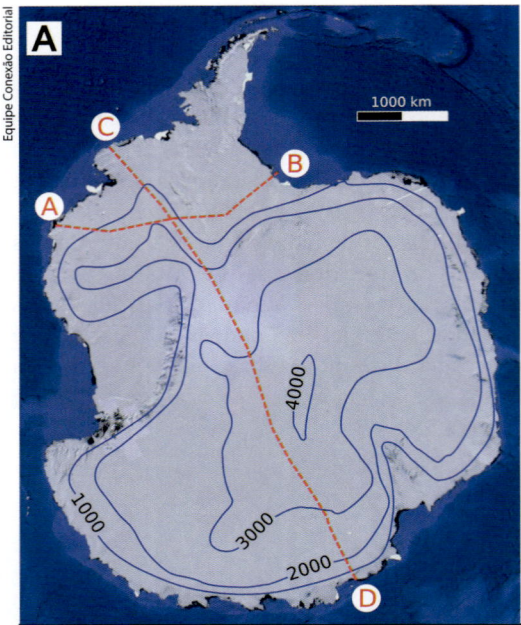

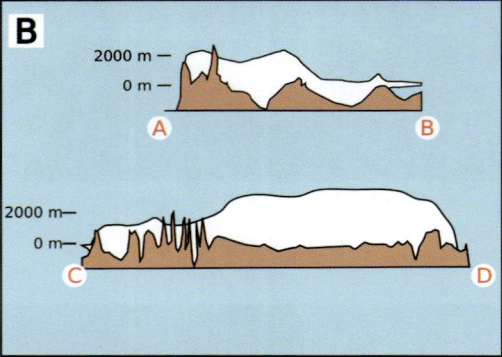

▲ **Figura 5.5** – (a) Geleira continental da Antártica e (b) distribuição das espessuras de gelo. Fonte: modificado de Hamblin e Christensen (1998).

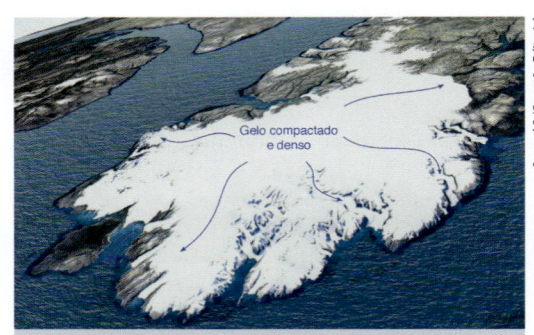

▲ **Figura 5.6** – Padrão radial de dispersão de geleiras continentais. Fonte: modificado de Hamblin e Christensen (1998).

Além das geleiras, as plataformas de gelo flutuantes sobre o mar, resultantes do fluxo de geleiras até a costa, constituem grandes acumulações de gelo em altas latitudes.

▲ **Figura 5.7** – Plataforma de gelo sobre o mar, Ilha Rei George. Shetlands do Sul, Península Antártica.

Figura 5.8 – *Iceberg* na região de Uchuaia, Argentina.

Essas plataformas são formadas por gelo flutuante com até centenas de metros de espessura (**Figura 5.7**) que, de forma diversa à dos *icebergs* (**Figura 5.8**) que delas se desprendem, estão ligadas a geleiras continentais.

Outra forma de acumulação de gelo em altas latitudes ocorre pelo congelamento permanente da água presente no solo, formando o permafrost. Esse tipo de solo congelado é identificado e descrito em regiões com temperaturas extremamente baixas e ocupa grandes áreas da Sibéria e do Canadá. A profundidade do *permafrost* pode alcançar centenas de metros, limitada pelo calor interno da Terra. O *permafrost* representa um problema para obras de engenharia, pois o gelo tende a derreter quando escavado, tornando o solo encharcado e instável (**Figura 5.9**).

Figura 5.9 – *Permafrost* na Sibéria.

Movimento das geleiras

Acumulação e ablação

A acumulação progressiva de neve em uma geleira causa o soterramento e compactação da neve mais antiga pela neve mais nova. Essa compactação, em combinação com os processos de fusão e recristalização do gelo por variações de temperatura, transforma a neve original, com cerca de 90% de volume de ar, em gelo maciço.

Embora as geleiras movam-se de áreas mais elevadas ou com maior espessura de gelo para áreas mais baixas ou com menor espessura de gelo, a posição da frente das geleiras sofre pouca modificação em anos ou décadas. Isso ocorre porque as áreas para onde as geleiras se movem estão sujeitas à ablação, que é o conjunto dos processos de diminuição do volume de gelo em uma geleira. A ablação compreende o derretimento, a sublimação (evaporação direta), a erosão pelo vento e a fragmentação em *icebergs*. O derretimento é responsável pela maior parte da ablação, porém, em geleiras que alcançam o mar, a fragmentação em *icebergs* pode ter papel importante.

Assim, geleiras movem-se de áreas em que predomina a acumulação para áreas em que predomina a ablação. A linha que separa essas duas áreas é chamada linha de equilíbrio, definida a partir da média de precipitação e ablação em todas as estações do ano (**Figura 5.10**). A frente da geleira, onde a ablação é completa, é denominada *terminus* ou frente de geleira (**Figura 5.11**).

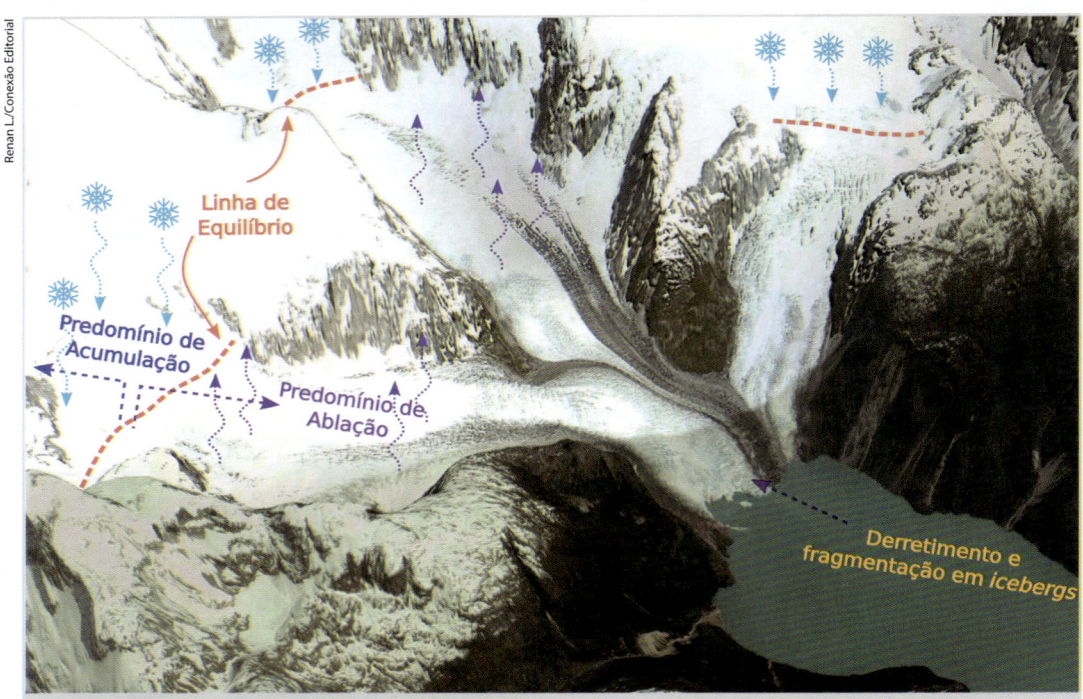

▲ **Figura 5.10** – Modelo de geleira tipo alpino mostrando o conceito de linha de equilíbrio. Fonte: modificado de Rocha-Campos e Santos (2009).

▲ **Figura 5.11** – Frente de geleira com depósitos de morenas frontais (rochas dispostas na borda da praia). Ilha Rei George, Shetlands do Sul, Península Antártica.

Tipos de movimento de geleiras

A movimentação de uma geleira inicia-se quando a acumulação progressiva de neve atinge uma espessura mínima de 30 m e assim o gelo formado a partir da neve soterrada passa a sofrer deformação plástica. O fluxo da geleira resulta da deformação de cristais individuais de gelo, cada um contribuindo com uma porção microscópica do movimento. Esse processo resulta em um fluxo do tipo laminar, em que ocorre deslocamento relativo de planos paralelos. A porção superior da geleira não se deforma plasticamente, apresentando fraturamento por causa da movimentação dos níveis inferiores. Essas fraturas dão origem a fendas na superfície da geleira, denominadas crevassas ou clistoclases (Figura 5.12), que se formam em grande quantidade nas áreas em que as geleiras sofrem mudanças de velocidade, como em curvas ou locais com aumento de declive.

▲ **Figura 5.12** – Crevassas na frente e na superfície da geleira. Glaciar Perito Moreno, El Calafate, Argentina.

Em uma seção transversal ao movimento, as velocidades de deslocamento de uma geleira são maiores no centro e diminuem rumo às áreas de atrito no fundo e às bordas de vales escavados.

O movimento por deformação plástica predomina quando a base da geleira encontra-se a temperatura muito abaixo da temperatura de fusão, quando toda a coluna de gelo, assim como o substrato sedimentar da geleira se encontram congelados. Por outro lado, as geleiras de regiões não muito frias, como as de altitude em climas temperados, podem ter suas bases a temperaturas próximas ao ponto de fusão do gelo e conter quantidades variadas de água de degelo em sua porção inferior. Essas geleiras são chamadas geleiras temperadas ou de base quente, em contraste com as chamadas geleiras polares ou de base fria (sempre congelada). Além da deformação plástica, geleiras temperadas sofrem um tipo de movimentação muito mais rápido, caracterizado pelo deslizamento de toda a geleira sobre a camada com temperatura próxima ao ponto de fusão. Esse processo é conhecido como deslizamento basal e é causado pela presença de água de degelo que atua como um lubrificante na base da geleira.

Erosão glacial

Processos de erosão glacial

O movimento das geleiras, apesar de lento em relação ao de rios ou correntes oceânicas, causa intensa erosão nos substratos e nas paredes de vales glaciais por onde passam. A passagem de uma massa de gelo pode facilmente arrancar fragmentos de rocha já segmentados por fraturas preexistentes, incluindo grandes blocos de dezenas de metros de diâmetro. Em geleiras temperadas, o processo de desagregação de blocos é intensificado pelo intemperismo físico, causado pela repetição de ciclos de fusão e recongelamento. A água de degelo penetra em fraturas das rochas do substrato, podendo congelar-se novamente.

Como a água ao congelar-se expande seu volume em cerca de 9%, o congelamento causa expansão e ampliação das fraturas, com consequente fragmentação da rocha e liberação de blocos, que podem ser arrastados pela geleira.

A presença de fragmentos de rocha de diversos tamanhos dá origem ao segundo, e principal, processo de erosão pelo gelo, denominado abrasão. A abrasão consiste na raspagem do substrato por fragmentos de rocha carregados pelo gelo, que é evidenciada pelas estrias glaciais (Figura 5.13) encontradas em áreas erodidas por geleiras com deslizamento basal. As estrias glaciais são muito úteis para a reconstituição dos padrões de movimentação de geleiras do passado geológico, pois a direção das estrias marca a direção local do fluxo da geleira. A intensidade do processo de abrasão depende de diversos fatores, incluindo a quantidade e dureza dos blocos carregados pelo gelo, a pressão exercida pela coluna de gelo no fundo e a resistência da rocha do substrato ao processo de abrasão.

Relevo glacial

Em escala maior, a ação erosiva do gelo dá origem a diversas feições de relevo características. Os vales escavados por geleiras têm tipicamente fundo plano e laterais íngremes, com seção transversal em forma de "U" (Figura 5.14), diferentemente de vales fluviais que apresentam geralmente seção transversal em forma de "V". O encontro de dois vales glaciais, com o aporte de uma geleira tributária a uma geleira principal, é caracterizado por um ponto em que a superfície do gelo apresenta a mesma altitude nas duas geleiras (Figura 5.15a), porém o maior volume de gelo da geleira principal implica em uma maior profundidade do substrato. Assim, após o degelo, o fundo dos vales de geleiras tributárias encontra-se em cotas mais elevadas que o fundo do vale principal, caracterizando os vales suspensos (Figura 5.15b). Os rios que ocupam esses vales após o degelo formam corredeiras e cachoeiras para encontrar o rio do vale principal.

▲ **Figura 5.13** – Pavimento Estriado produzido por passagem de geleira. Ilha Rei George, Shetlands do Sul, Península Antártica.

▲ **Figura 5.14** – Morfologia de vale em U, no primeiro plano da foto. Região de Uchuaia, Argentina.

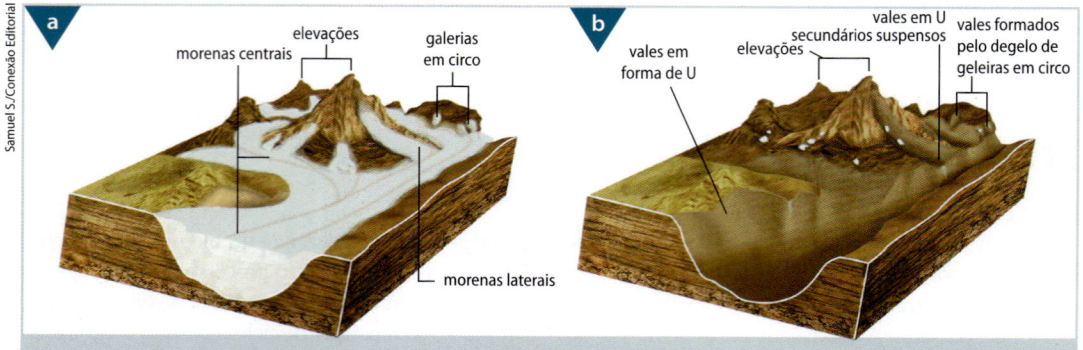

▲ **Figura 5.15** – Modelo de geração de vale glacial suspenso. Em (a) com passagem da geleira. Em (b) após derretimento da geleira. Fonte: modificado de Wicander e Monroe (2006).

Outra feição característica de erosão por geleiras do tipo alpino são os vales circulares deixados por geleiras em circo nas cabeceiras de vales glaciais. Esses vales circulares, denominados anfiteatros ou circos glaciais, frequentemente apresentam lagos de degelo em seu interior.

Geleiras continentais também dão origem a formas de relevo características. A erosão irregular do fundo gera as chamadas rochas *moutonnées* (Figura 5.16), que são elevações assimétricas e alongadas do substrato da geleira e apresentam um flanco menos íngreme e estriado apontando para o rumo de onde provinha a geleira, e outro flanco mais íngreme e de superfície irregular apontando para o rumo para o qual a geleira movia-se. Essa assimetria é causada pelo predomínio do processo de abrasão em um flanco e do processo de remoção de fragmentos no outro (Figura 5.17). Elevações com formas alongadas e simétricas, com superfícies estriadas, são conhecidas como *whalebacks* e podem chegar a mais de um quilômetro de comprimento.

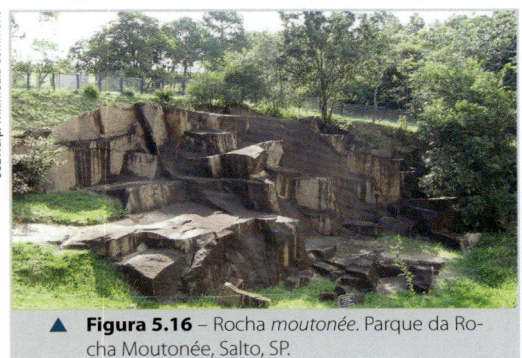

▲ **Figura 5.16** – Rocha *moutonée*. Parque da Rocha Moutonée, Salto, SP.

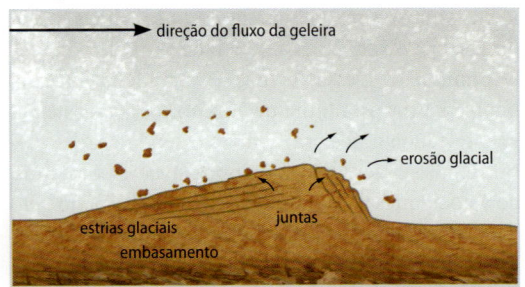

▲ **Figura 5.17** – Modelo de formação de rocha *moutonnée*. Fonte: modificado de Hamblin e Christensen (1998).

Transporte de sedimentos

A erosão glacial dá origem a partículas de diversos tamanhos, e o movimento da geleira transporta essas partículas sem nenhuma seleção. Assim, o transporte pelo gelo leva desde fragmentos na fração silte, gerados pela abrasão de rochas do substrato e dos próprios clastos transportados, até grandes blocos arrancados do substrato. Os fragmentos transportados no fundo da geleira são denominados detritos subglaciais e as acumulações desses detritos formam as morenas basais. Os detritos contidos no corpo da geleira são chamados englaciais e o material adicionado à superfície da geleira por deslizamento, queda ou fluxo de detritos das encostas adjacentes de um vale glacial compõem os detritos supraglaciais, que formam as morenas laterais e centrais. As morenas laterais são formadas no contato entre a geleira e a encosta do vale e as morenas centrais, pela junção de morenas laterais quando uma geleira tributária aporta em uma principal (Figura 5.18). Como geleiras continentais não recebem fragmentos de encostas adjacentes, detritos supraglaciais são raros nesse tipo de geleira.

▲ **Figura 5.18** – Confluência de geleiras tipo alpino formando morena central pela junção de morenas laterais

Para entender-se os padrões de movimento dos sedimentos dentro de uma geleira, deve-se retomar o conceito de linha de equilíbrio entre a zona de acumulação e a zona de ablação. Acima da linha de equilíbrio, a acumulação progressiva e o movimento do gelo fazem com que a vazão da geleira aumente no sentido do fluxo. Assim, desde a cabeceira até a linha de equilíbrio a vazão aumenta e, para geleiras confinadas, também a velocidade aumenta. Abaixo da linha de equilíbrio os processos de ablação passam a predominar e a vazão começa a diminuir. Assim, da linha de equilíbrio até a frente da geleira, a vazão e a velocidade progressivamente diminuem. Dessa forma, a velocidade máxima ocorre na própria linha de equilíbrio, acima dela a geleira tende a acelerar e abaixo tende a desacelerar. Como o gelo não é compressível, esse padrão de velocidades gera diferenças na espessura do gelo em geleiras confinadas a vales, estando as maiores espessuras na região da linha de equilíbrio. A variação de espessuras gera um componente vertical no fluxo, que é caracterizado como uma tendência descendente acima da linha de equilíbrio e ascendente abaixo da linha de equilíbrio (**Figura 5.19**).

Figura 5.19 – Padrão de movimentação do gelo dentro de geleira tipo alpino. Fonte: modificado de Wicander e Monroe (2006).

Assim, fragmentos arrancados ou raspados do substrato acima da linha de equilíbrio tendem a emergir na superfície da geleira abaixo da linha de equilíbrio. Além dessa, outras rotas de transporte de sedimentos são possíveis. Detritos supraglaciais acima da linha de equilíbrio tendem a descer e tornarem-se englaciais ou subglaciais e fragmentos subglaciais podem ser transportados pelo fundo por longas distâncias até a frente da geleira.

Transporte por água

Descreveu-se anteriormente que a água de degelo exerce importante papel em geleiras temperadas, principalmente por permitir o deslizamento basal. Além disso, a água de degelo pode ser um importante agente de transporte de sedimentos em sistemas glaciais. Sistemas de drenagem de água de degelo estabelecem-se sobre geleiras e, em geleiras temperadas, também dentro e na base de geleiras. Essas correntes promovem erosão, transporte e deposição de sedimentos, com a particularidade de selecionarem a granulação dos fragmentos de forma muito mais eficiente do que o transporte pelo gelo.

A água de degelo infiltra-se por fraturas e galerias, acumulando-se em lagos subglaciais ou reservatórios englaciais e estabelecendo correntes em túneis escavados no gelo. Esses túneis tendem a ser retilíneos, pois a sinuosidade é impedida pelas paredes de gelo, e alinhados de acordo com a direção de fluxo da geleira. Abaixo da frente da geleira, na região proglacial, as drenagens supra, sub e englaciais alimentam sistemas fluviais que remobilizam parte do sedimento depositado pelo gelo (**Figuras 5.20 a** e **b**).

Figura 5.20 – (a) Geleira com formação de lagos e dois pequenos rios nas laterais da geleira. Ilha Rei George, Shetlands do Sul, Península Antártica. (b) Modelo de formação de sitemas fluviais e lacustres proglaciais a partir de correntes subglaciais, englaciais e supraglaciais. Fonte: modificado de Hamblin e Christensen (1998).

Sistemas deposicionais glaciais

O volume de sedimento transportado por uma geleira pode ser muito grande. Geleiras de vales podem apresentar coloração escura e estratificação por causa da grande quantidade de sedimento que carregam. O destino final desse sedimento é a deposição, porém a grande complexidade de processos atuantes em sistemas glaciais dá origem a diferentes tipos de depósitos, descritos a seguir.

Depósitos glaciogênicos primários (*tills*)

Os sedimentos depositados diretamente a partir do gelo são denominados depósitos glaciogênicos primários e são caracterizados por má seleção granulométrica, pois todos os fragmentos carregados pela geleira são depositados em conjunto. O termo descritivo para sedimentos mal selecionados, contendo fragmentos da fração silte ou argila até seixos ou clastos ainda maiores, é *diamicton*, e a rocha formada pela litificação do *diamicton* é denominada diamictito. Quando um *diamicton* ou diamictito foi comprovadamente formado por deposição direta a partir do gelo, recebe o nome de *till* (o sedimento) ou tilito (a rocha). Outros processos sedimentares podem dar origem a *diamictons*, como fluxos gravitacionais, e esses processos podem retrabalhar depósitos glaciogênicos primários (*tills*), que deixam assim de constituir *tills*.

Tills podem formar-se por três processos:
1. Por alojamento de sedimento no substrato durante a movimentação da geleira (*till* de alojamento)
2. Por derretimento ou sublimação do gelo na frente da geleira (*till* de ablação)
3. Por deformação do substrato da geleira por cisalhamento causado pela passagem do gelo (*till* de deformação e glaciotectonito).

Tills de alojamento (**Figura 5.21**) ocorrem preenchendo depressões do substrato da geleira e são formados pela deposição de sedimento sob pressão, durante a movimentação da geleira. Por causa desse mecanismo, *tills* de alojamento são originalmente compactados e podem apresentar estrias no topo do depósito e fraturas sub-horizontais de cisalhamento. Outra feição característica de *tills* de alojamento é a presença de seixos assimétricos semelhantes a pequenas rochas *moutonnées*, com um flanco suave e estriado apontando para o sentido de onde provém a geleira, e o outro flanco íngreme e fraturado apontando para o lado oposto.

Tills de ablação formam-se na região terminal da geleira, compondo acumulações denominadas morenas frontais. Podem formar-se pelo derretimento do gelo e acumulação direta do sedimento nele contido, ou pelo lento processo de sublimação do gelo, com a passagem direta de gelo a vapor de água, que ocorre em ambientes muito frios e secos, como na Antártica. O processo de derretimento ou sublimação do gelo resulta na deposição do sedimento com muitas das características que ele possuía quando se encontrava na geleira. Assim, estratificações, orientações de clastos e feições de fluxo podem preservar-se no sedimento depositado. A preservação desses depósitos, porém, é rara, pois a saturação em água do sedimento e a acumulação de grandes pilhas, muitas vezes depositadas em vertentes inclinadas, facilitam o deslizamento e o retrabalhamento por fluxos gravitacionais. O processo de sublimação também implica em difícil preservação do depósito, pois a retirada seletiva do gelo deixa um volume muito grande de poros entre os fragmentos sedimentares, resultando em um depósito friável e instável.

Assim, retrabalhamento por fluxos gravitacionais ocorre com muita frequência em *tills* de ablação, resultando em depósitos maciços com má seleção granulométrica (*diamictons*). Boa parte dos depósitos de morenas frontais passa por esse tipo de retrabalhamento.

Tills de deformação são formados pela mistura intensa e homogeneização por deformação de sedimentos no substrato da geleira, resultando em depósitos sem estruturas primárias, maciços, com má seleção granulométrica. A deformação ocorre pela força de cisalhamento da geleira em movimento, não sendo propriamente um processo de deposição sedimentar. Entretanto, mesmo o material original não sendo um depósito glacial, convencionou-se chamar o produto final de *till*. Aplica-se o termo glaciotectonito quando a deformação do substrato, que pode ser sedimento previamente depositado ou rocha do embasamento, não resulta em homogeneização, mas em desenvolvimento de texturas de cisalhamento.

Depósitos fluvioglaciais

Como visto anteriormente que geleiras temperadas, nas quais a temperatura do gelo é próxima ao ponto de fusão, contém água de degelo. Essa água pode ocorrer como pequenas gotas dentro de e entre cristais de gelo, mas pode também formar lagos sob o gelo, bolsões de água dentro da geleira ou correntes, tanto em túneis no gelo (sub e englaciais) como em canais na superfície da geleira (canais supraglaciais). Também na região à frente da geleira, a água de degelo pode acumular-se em lagos ou fluir em sistemas canalizados. Essas correntes de água de degelo, abaixo, acima, dentro e na frente da geleira, retrabalham os sedimentos trazidos pela geleira.

Os sedimentos retrabalhados por água corrente não apresentam a má seleção granulométrica característica dos tilitos e diamictitos (**Figura 5.21**), pois o transporte pela água faz com que as partículas finas (silte e argila) se mantenham em suspensão, não sendo depositadas enquanto a corrente não encontrar um corpo de água estagnada. Assim, depósitos de correntes aquosas são arenosos ou areno-conglomeráticos. Além disso, apresentam estruturas sedimentares indicativas da ação da corrente no leito sedimentar, principalmente estratificação plano paralela e estratificações e laminações cruzadas.

estruturas de preenchimento formam colinas alongadas na área proglacial, denominadas *eskers*. Antes do degelo, os canais e túneis glaciais apresentam paredes subverticais de gelo, e o sedimento ali depositado é confinado pela forma do canal ou túnel. Com o degelo, o sedimento inconsolidado torna-se instável e suas bordas deslizam até formar uma pilha estável. Esse processo promove a deformação das estruturas sedimentares previamente formadas mesmo em túneis subglaciais. Em túneis englaciais e canais supraglaciais, o degelo causa deformação ainda mais intensa, pois o sedimento inconsolidado só chega a depositar-se no substrato após o derretimento dos níveis inferiores da geleira. Assim, quanto mais próximo à superfície da geleira estiver localizado o depósito fluvial, mais deformadas ficarão suas estruturas quando ocorrer o degelo.

Diferentemente dos *eskers*, que se preservam como elevações na região proglacial, os canais de degelo da frente da geleira, denominados canais de planície de lavagem, preenchem grandes áreas pela migração lateral constante de canais, geralmente entrelaçados com formação de lagos (**Figura 5.22**) (ver **Capítulo 4**). Esses depósitos areno-conglomeráticos só sofrerão deformação caso a geleira volte a avançar, fazendo com que sofram os efeitos da deformação subglacial.

▲ **Figura 5.21** – Tilito de alojamento. Observar o estriamento segundo a direção do martelo. Ilha Rei George, Shetlands do Sul, Península Antártica.

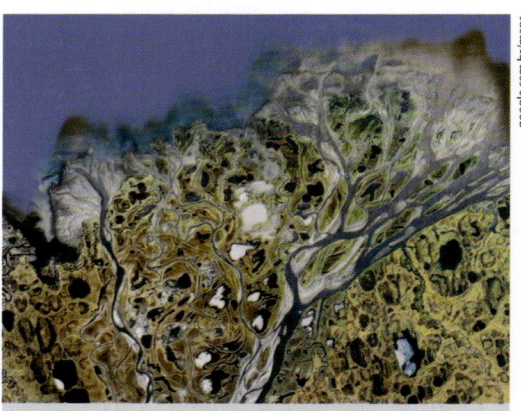

▲ **Figura 5.22** – Sistema fluvial entrelaçado em planície de lavagem proglacial (Alasca).

Eskers

Os depósitos de canais supraglaciais e de túneis de degelo sub e englaciais são estruturas lineares, paralelas ao movimento da geleira, compostas por areia e seixos derivados da geleira. Com o degelo e consequente recuo da frente da geleira, essas

Depósitos glaciolacustres

Na região proglacial, a água de degelo pode acumular-se em lagos de diversos tamanhos. Pequenos lagos podem formar-se pelo derretimento de blocos de gelo, separados da frente da geleira, que haviam sido parcialmente soterrados por sedimentos da planície de lavagem (**Figura 5.22**). Lagos maiores podem formar-se por barragens naturais, como outros lobos da geleira, morenas deixadas anteriormente pela geleira ou relevo do embasamento.

Os depósitos de lagos proglaciais refletem o aporte sedimentar, em corpos de água parada, da geleira e dos sistemas fluviais de degelo. Assim, no contato direto da geleira com um lago podem depositar-se tilitos de ablação que escorregam para dentro do lago, retrabalhados como fluxos de gravidade. Correntes aquosas sub e englaciais saem da geleira por portais, que podem desaguar diretamente em um lago na frente da geleira, formando pequenos deltas. Sistemas fluviais proglaciais também podem desaguar em lagos, formando deltas (ver **Capítulo 4**). Esses deltas são compostos por depósitos areno-conglomeráticos de desaceleração na porção proximal, que passam para depósitos mais finos em direção ao centro do lago, incluindo turbiditos distais e depósitos de decantação.

A variação anual de temperatura pode resultar em congelamento da superfície de lagos glaciais durante o inverno, interrompendo a deposição. Depósitos de águas calmas em lagos anualmente congelados podem apresentar níveis milimétricos a centimétricos de silte, depositados no verão, quando grande volume de sedimentos trazidos por rios de degelo chegam ao lago, intercalados com níveis de argila decantada no inverno, quando a superfície congelada do lago impede o aporte de sedimentos. Cada um desses pares de camadas é denominado varve e representa um ano de registro sedimentar. O depósito resultante do acúmulo de vários varves recebe o nome de varvito. No interior desse depósito de varve seixos podem ser encontrados e devem-se ao derretimento de blocos de gelo que boiavam no lago no período de verão. Esses blocos de gelo portam diversos fragmentos extraídos do substrato por onde a geleira passou e, com sua fusão, esses fragmentos caem para o fundo do lago. Esses fragmentos recebem o nome de clastos caídos. (**Figura 5.23**).

Lagos glaciais de grande porte podem originar um tipo de fenômeno catastrófico que deixa registro geológico em grandes áreas: são as grandes inundações causadas pelo rompimento de barragens naturais. Nos estados de Montana e Washington, nos Estados Unidos, um grande lago glacial da última glaciação pleistocênica, denominado Missoula, sofreu repetidos rompimentos de sua barragem natural entre 12 000 e 16 000 anos antes do presente, causando enchentes nas planícies abaixo com vazões de pico cerca de cem vezes maiores que a do Rio Amazonas. Esses eventos escavaram canais em rochas e depositaram dunas subaquáticas de cascalho com até 5 m de altura.

▲ **Figura 5.23** – Clasto caído em depósito lacustre proglacial. Formação Itararé – Paleozoico, Itu, SP.

Depósitos glaciomarinhos

Em altas latitudes, geleiras podem alcançar a costa marinha. Nesses casos, a frente da geleira é o ponto em que a geleira deixa de estar aterrada, passando a uma plataforma flutuante de gelo. Esse ponto geralmente encontra-se abaixo do nível do mar e o derretimento do gelo dá origem a sedimentos marinhos mal selecionados, muitas vezes retrabalhados por fluxos gravitacionais subaquáticos.

As plataformas de gelo flutuante na frente de geleiras podem estender-se por centenas de quilômetros, terminando em frentes de ruptura de *icebergs*. O derretimento do gelo sob a plataforma causa a queda das partículas, formando extensos depósitos de diamictitos, geralmente maciços. Caso haja correntes marinhas sob o gelo, as frações mais finas são carregadas com a corrente e o depósito pode ser desprovido de argila ou até mesmo de silte.

Os *icebergs* que saem da fente das plataformas de gelo percorrem longas trajetórias até seu derretimento completo, largando sedimentos pelo caminho. Esses clastos transportados por *icebergs* são encontrados em meio a sedimentos finos, por vezes laminados, das plataformas continentais próximas a geleiras, e são chamados clastos caídos. Os clastos caídos têm tamanhos incompatíveis com o depósito em que se encontram (**Figura 5.23**) e podem causar deformação do substrato pela sua queda.

Em sistemas glaciomarinhos os depósitos com assinatura glacial intercalam-se a depósitos de retrabalhamento por correntes litorâneas e de maré, ação de ondas e perturbação por organismos, além de fluxos gravitacionais subaquáticos.

Loess

Como descrito anteriormente, os processos de abrasão de rochas do substrato de geleiras geram um grande volume de sedimentos finos, principalmente na fração silte, que são depositados com as demais partículas na frente da geleira. Os processos fluvioglaciais segregam as partículas, colocando os pelitos em suspensão e depositando areia e seixos. Esses pelitos podem depositar-se nas planícies de lavagem e em sistemas lacustres proglaciais ou serem levados até o mar. Os pelitos de águas rasas depositados nas planícies de lavagem podem ficar expostos à ação do vento, que transporta essa poeira por grandes distâncias, enquanto retrabalha a areia fina nas áreas próximas.

O silte e a argila retirados pelo vento das planícies de lavagem podem formar espessos depósitos em regiões periglaciais, denominados *loess* (ver **Capítulo 2**). Espessas e extensas ocorrências de *loess* são encontradas nas planícies da América do Norte, na região central da Europa, na Sibéria, na Argentina e na China. Esses depósitos registram os grandes volumes de sedimentos retirados de planícies de lavagem das geleiras continentais do Pleistoceno, durante os ciclos de avanço e recuo glacial.

Glaciações

Produtos geológicos da passagem de geleiras, principalmente relevo escavado pelo gelo e depósitos glaciais, são hoje encontrados em vastas áreas de clima temperado do Hemisfério Norte e também no Hemisfério Sul. Essas evidências revelam que as geleiras continentais atuais ocupam uma área de apenas um terço de sua extensão máxima, no Pleistoceno. Na realidade, os depósitos glaciais do Hemisfério Norte revelam várias fases de avanço e recuo das geleiras, pois os tilitos e depósitos proglaciais encontram-se em níveis separados por horizontes de solo com restos de vegetação de clima temperado.

O registro obtido de isótopos de oxigênio em sedimentos e conchas de animais oceânicos também evidencia variações cíclicas no volume das geleiras. Os isótopos de oxigênio O^{18} e O^{16} têm comportamento diferente durante a evaporação da água do mar, pois o isótopo mais leve (O^{16}) evapora mais facilmente. Como as geleiras são formadas principalmente por água evaporada dos oceanos e precipitada como neve, o aumento do volume de geleiras promove uma retirada seletiva do isótopo leve O^{16} da água dos oceanos. Assim, variações cíclicas nos isótopos de oxigênio da água dos oceanos correspondem a variações no volume de água aprisionado em geleiras e essa composição isotópica da água fica registrada nas rochas sedimentares. A composição isotópica de carapaças de foraminíferos é outro indicador importante, pois depende da temperatura da água em que o organismo vive. Vários ciclos de avanço e recuo de geleiras podem ser reconhecidos no registro isotópico do Pleistoceno. Os eventos de avanço das geleiras são conhecidos como glaciações e promovem a modificação do clima em todo o planeta, com rebaixamento das temperaturas médias em vários graus centígrados e deslocamento das zonas climáticas para latitudes mais baixas.

Glaciações no registro geológico

As glaciações do Pleistoceno são as mais estudadas por terem influenciado muitos aspectos dos padrões atuais de clima, relevo e distribuição de animais e plantas. A última dessas glaciações teve como principal elemento o desenvolvimento de grandes geleiras continentais sobre a América do Norte e a Eurásia.

Outros eventos de glaciação são reconhecidos em períodos geológicos mais antigos. Parte da África e o Sudeste da América do Sul (incluindo o Sul, Sudeste e parte do Centro-Oeste do Brasil) estiveram cobertos por geleiras entre os períodos Carbonífero e Permiano, quando o supercontinente Gondwana passou por latitudes polares.

Acredita-se que eventos de glaciação extrema afetaram o planeta durante o Neoproterozoico, com o avanço de geleiras e plataformas flutuantes de gelo até próximo ao Equador. As principais evidências para essa hipótese são dados de paleomagnetismo em sucessões glaciais, que indicam que esses depósitos se formaram em baixas latitudes.

Mecanismos causadores das glaciações

A ciclicidade de avanço e recuo das geleiras do Pleistoceno pode ser explicada por ciclos astronômicos que fazem com que a energia do Sol recebida pela Terra varie em períodos de dezenas de milhares de anos. Esses ciclos astronômicos são conhecidos como ciclos de Milankovitch e representam o complexo movimento da Terra em torno do Sol em períodos maiores do que a rotação diária e a translação anual.

São três os principais ciclos de Milankovitch (**Figura 5.24**):

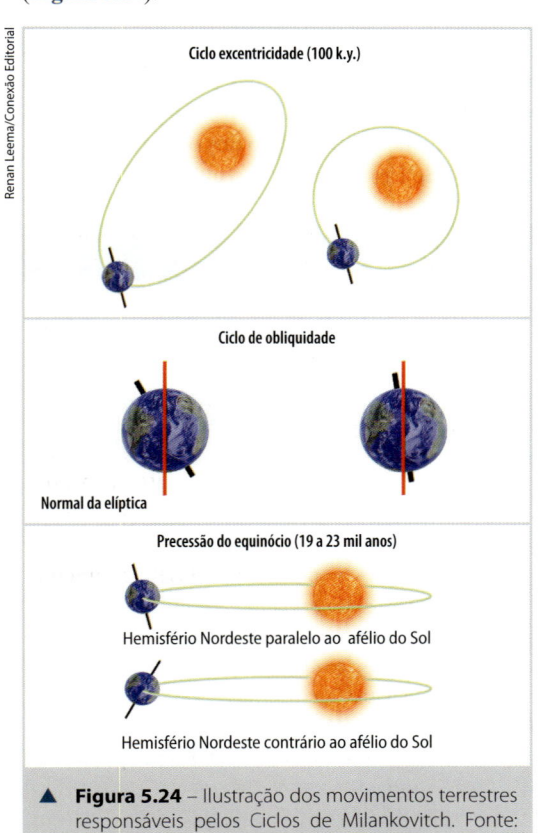

▲ **Figura 5.24** – Ilustração dos movimentos terrestres responsáveis pelos Ciclos de Milankovitch. Fonte: modificado de Wicander e Monroe (2006).

A obliquidade, ângulo entre o eixo de rotação e o plano de translação da Terra, que hoje é de 23,5°, varia de 21,5° a 24,5° em ciclos de cerca de 41 000 anos. A excentricidade, que é a diferença entre os eixos maior e menor da elipse da trajetória de translação, varia em ciclos de 100 000 anos. A relação entre a inclinação do eixo e a posição da Terra no ciclo de translação é chamada presceção do Equinócio, que varia em ciclos de 23 000 anos.

A interação entre esses três processos gera um padrão de oscilação da energia média recebida pela Terra e causa a ciclicidade das glaciações, com um ciclo longo a cada 100 000 anos e ciclos curtos de 20 000 e 40 000 anos.

Testemunhos retirados de poços que perfuraram as espessas geleiras da Antártica e da Groenlândia contêm bolhas de ar aprisionadas no gelo que registram a evolução da atmosfera nos últimos 160 000 anos, em um intervalo de tempo que abrange o fim da penúltima glaciação, um período interglacial, a última glaciação e o interglacial atual. A datação das camadas de gelo e a comparação da composição do ar nelas aprisionado com os dados de avanço e recuo das geleiras revelaram que os períodos interglaciais são caracterizados por um aumento dos níveis de CO^2 da atmosfera, enquanto os períodos glaciais por uma diminuição da concentração desse composto na atmosfera.

Glaciações e o nível do mar

Os ciclos de aumento e diminuição do volume das geleiras continentais têm um efeito direto no nível dos oceanos de todo o planeta. Quanto maior o volume de gelo sobre os continentes, menor será o volume de água nos oceanos. Assim, durante o último máximo glacial, o nível médio dos oceanos estava mais de 100 metros abaixo do nível atual. Essa situação causou um aumento das áreas expostas dos continentes, com erosão das plataformas continentais e aporte de grandes volumes de sedimentos nos taludes e sopés dos continentes. A transgressão causada pelo degelo no fim da glaciação causou a elevação do nível dos oceanos de mais de 100 metros em apenas 10 000 anos.

A amplitude e a alta frequência das variações do nível dos oceanos causadas por ciclos glaciais, denominadas variações glácio-eustáticas, fazem com que esse fenômeno seja um dos mais importantes no registro geológico de eventos glaciais, pois influencia os padrões de sedimentação em todas as bacias marinhas do planeta, mesmo aquelas distantes das áreas glaciadas.

O efeito local do degelo pode, por outro lado, compensar a elevação do nível do mar no fim de uma glaciação. O peso exercido pela geleira, particularmente no caso das espessas geleiras continentais, causa o afundamento do continente em que elas se encontram, denominado subsidência. Quando a geleira recua, as áreas antes recobertas pelo gelo voltam a subir, ou soerguer, para a posição original. Esses movimentos da crosta em função da sobrecarga e do alívio do peso da geleira são denominados glácio-isostasia. Assim, apesar de o nível dos oceanos subir durante o degelo, as áreas em que havia espessas geleiras podem soerguer mais rápido que a subida do mar, mantendo-se emersas.

Mudanças globais e os sistemas glaciais

Um volume crescente de evidências aponta para o aquecimento global, causado pela emissão de gases de efeito estufa, principalmente CO_2. Esse aquecimento está relacionado ao recuo da maioria das geleiras nas últimas décadas, apesar de modificações no clima global terem efeitos complexos sobre as geleiras, pois o aumento da precipitação de neve pode levar a um crescimento das geleiras mesmo durante um ciclo de aquecimento.

A rápida subida do nível dos oceanos causada pelo derretimento de $\frac{2}{3}$ do volume de gelo da última glaciação causa preocupações com relação às atuais modificações climáticas. Se todo o volume de gelo das geleiras polares derretesse, causaria uma elevação dos oceanos de cerca de 50 metros, mesmo considerando-se o aprofundamento das bacias oceânicas pelo peso da água adicionada. Essa elevação causaria a inundação da maior parte das grandes cidades do planeta, além de cobrir todas as terras baixas, onde vive a maior parte da população e onde estão as principais áreas férteis. Felizmente, a resposta das geleiras continentais ao aquecimento é lenta e não se espera um derretimento completo das calotas polares nos próximos milhares de anos (ver **Quadro 5.1**).

Uma subida mais modesta, entretanto, poderia causar grandes problemas para as populações costeiras de todo o mundo. Muitos pesquisadores acreditam que o nível médio dos oceanos possa subir cerca de 1 m ainda neste século.

Quadro 5.1 – Pode ocorrer uma nova idade do gelo?

Embora a história da glaciação do Pleistoceno esteja bem estabelecida e seus efeitos tenham sido claramente reconhecidos mundialmente, não se sabe com completa certeza por que os climas mudam e por que as glaciações ocorrem. Uma teoria adequada para explicar as glaciações deve explicar os seguintes fatos:

- Durante a última idade do gelo, repetidos avanços do gelo na Europa e na América do Norte foram separados por períodos de clima quente. A glaciação, portanto, não está relacionada a um processo de esfriamento lento de longo termo.
- Glaciação é um evento não usual na história da Terra. Glaciações amplamente distribuídas ocorreram no fim da Era Paleozoica, entre 200 e 300 milhões de anos antes do presente e durante o Pré-Cambriano, aproximadamente há 700 milhões de anos.
- Na maior parte da história da Terra, o clima foi mais moderado e mais uniforme do que é agora. Um período de glaciação requereria um decréscimo na temperatura média na superfície de cerca de 5 °C em relação à temperatura atual e, talvez, um acréscimo na precipitação de neve.
- As geleiras continentais crescem nas regiões elevadas ou polares, situadas de tal forma que as tormentas trazem ar úmido e frio. As geleiras podem mover-se até latitudes mais baixas, mas originam-se nas terras altas ou nas altas latitudes. Groenlândia e Antártida têm hoje condições topográficas favoráveis, assim como a Península do Labrador, a Região Norte das Montanhas Rochosas, a Escandinávia e os Andes.
- A precipitação é crítica para o crescimento das geleiras. Algumas áreas estão hoje frias o suficiente para produzirem geleiras, mas não têm suficiente precipitação de neve para desenvolver sistemas glaciais.

Revisão de conceitos

1. O que são geleiras e sob quais condições ocorre sua formação?
2. Defina de modo sucinto:
   a) Linha de neve perene.
   b) Morenas centrais.
   c) Planície de lavagem.
   d) Ablação.
   e) Clistoclases ou crevassas.
3. Os sedimentos formados pela ação do gelo apresentam características marcantes. Quais são elas?
4. De que forma o gelo pode provocar a erosão de rochas e qual feição morfológica marcante ele produz?
5. Quais as principais diferenças entre geleiras continentais e alpinas?
6. Os depósitos de morenas são formados de diferentes formas. Quais são seus tipos e como se formam?
7. Faça um esquema de uma geleira do tipo alpino e indique as regiões de acúmulo, ablação, erosão, sedimentação.
8. Compare as características e os processos formadores de diamictitos e varvitos.
9. Quais são os principais depósitos formados nas regiões proglaciais?
10. Quantas e quais são as glaciações conhecidas no Brasil?
11. Das frases abaixo definir quais são **F** (Falsas) e quais são **V** (Verdadeiras) e indicar uma correta para tecer um breve comentário.
    ( ) A ação geológica do gelo se faz presente em áreas tropicais devido à presença de sedimentos glaciais como tilitos, ritmitos e clistoclases.
    ( ) As glaciações conhecidas no Brasil são em número de 3, sendo a primeira no Pré-Cambriano Superior (600 a 1000 M.A) a segunda no Permo-Carbonífero (220-350 M.A) e a terceira no Pleistoceno (1 M.A).
    ( ) A ação erosiva do gelo é acompanhada de uma correspondente ação construtiva, em interação com atividade fluvioglacial e glaciolacustre.
    ( ) O *loess* é um sedimento de origem glacial (planície de lavagem) que foi posteriormente trabalhado pela ação eólica.
    ( ) As principais teorias sobre a origem das glaciações envolvem variações na energia solar recebida pela Terra em decorrência de ciclos astronômicos.
    ( ) *Esker*, varvitos, tilitos e *loess* são sedimentos de origem glacial, fluvioglacial e glaciolacustre.
12. Quais são as principais diferenças entre vales escavados por geleiras e vales fluviais?
13. Como se pode reconhecer a ação de *icebergs* em rochas sedimentares glaciomarinhas?
14. Como a ação de geleiras, rios de degelo e ventos se conjugam para a formação de depósitos de *loess*?
15. Em que condições o volume de gelo em uma geleira pode aumentar mesmo com o aumento da temperatura média anual?
16. Qual a relação entre glaciações e variações no nível do mar?
17. Qual a relação entre o CO_2 da atmosfera e as glaciações e qual a principal evidência para isso?

GLOSSÁRIO

Ablação: Conjunto dos processos de diminuição do volume de gelo em uma geleira, incluindo o derretimento, a sublimação (evaporação direta), a erosão pelo vento e a fragmentação em *icebergs*.

Abrasão: Erosão causada pelo atrito dos materiais transportados pela água ou pelo gelo. Também pode ser promovida por geleiras devido à raspagem do substrato por fragmentos de rocha carregados pelo gelo.

Clastos caídos: Seixos ou fragmentos maiores depositados em meio a sedimentos finos de decantação em decorrência de transporte por gelo flutuante.

Crevassa: O mesmo que clistoclase. Fenda na superfície da geleira em decorrência de seu movimento.

Detritos subglaciais: Material rochoso destruído pela passagem de uma geleira constituída de partículas de rocha e de fragmentos de rocha de diferentes tipos deixados quando do descongelamento de uma geleira.

Detritos supraglaciais: Material rochoso destruído pela passagem de uma geleira constituída de partículas de rocha e de fragmentos de rocha de diferentes tipos deixados quando do descongelamento de uma geleira, posicionando-se nas porções terminais de uma geleira.

Diamictito: Rocha formada pela compactação de material rochoso erodido por uma geleira, ganhando compactação em função da pressão que o gelo exerce sobre o material fazendo com que essas partículas inicialmente soltas ganhem agregação e compactação formando uma rocha a qual ganha essa designação.

Diamicton: O mesmo que diamictito.

Englacial: Termo aplicado aos processos e sedimentos que ocorrem no interior de geleiras.

Esker: Depósito sedimentar formado por canais e túneis de água corrente dentro e sobre geleiras, preservado após o recuo da mesma.

Estrias glaciais: Marcas alongadas de erosão no substrato de uma geleira.

Geleira: Massa de gelo em movimento sobre a superfície da Terra. O mesmo que glaciar.

Geleiras: Grandes massas de gelo perenes, normalmente com evidências de fluxo, passado ou presente. Originam-se pelo acúmulo de neve em depressões existentes acima da linha de neve perene ou sob superfícies continentais (Antártida, Groenlândia).

Geleira continental: Geleira não confinada a vales de montanhas, que recobre vastas áreas em altas latitudes.

Geleira em circo: Geleiras circulares nas cabeceiras de vales glaciais em montanhas.

Geleira tipo alpino: Geleira confinada a vales elevados, pode ocorrer em qualquer latitude (ver linha de neve).

Glaciar: O mesmo que geleira.

Intemperismo físico: Degradação de uma rocha por ação de mecanismos físicos, como dilatação térmica do material, cristalização de sais etc.

Linha de neve: Altitude mínima para acumulação de neve ao longo de todo o ano em uma determinada latitude.

Morenas: Depósitos formados por geleiras durante sua movimentação, destacando-se no relevo após o descongelamento da mesma. Ocorre no espaço físico frontal, lateral e basal de uma geleira antes do seu descongelamento. Constitui-se de sedimentos compostos desde pó de diferentes tipos de rochas até fragmentos de dimensões maiores.

Morenas basais: Depósitos formados na base de geleiras durante sua movimentação destacando-se no relevo após o descongelamento da geleira. Permanecendo no espaço físico, onde era a base da geleira, e são formados de sedimentos constituídos desde pó de rochas até fragmentos de dimensões maiores

Morenas frontais: Depósitos formados na base de geleiras durante sua movimentação, destacando-se no relevo após o descongelamento da mesma. Ocorre no espaço físico frontal da geleira antes do seu descongelamento. Assemelha-se ao movimento de terra produzido por um trator ao empurrar a terra formando sua acumulação na forma de um monte.

Periglacial: Termo aplicado aos processos e sedimentos que ocorrem em região não adjacente, porém sob a influência de geleiras.

Permafrost: Solo com gelo.

Piemonte: Área no sopé de montanhas, onde geleiras alpinas podem se tornar desconfinadas.

Proglacial: Termo aplicado aos processos e depósitos que ocorrem na área adjacente à frente de geleiras.

Rochas *moutonnées*: Falta a descrição. Falta a descrição. Falta a descrição.

Subglacial: Termo aplicado aos processos e depósitos que ocorrem abaixo ou próximos à base de geleiras.

Supraglacial: Termo aplicado aos processos e sedimentos que ocorrem na superfície de geleiras.

Terminus: Frente da geleira. Área onde os processos de ablação são dominantes e não há avanço da geleira.

Tilito: Rocha sedimentar formada pela litificação de *till*.

Till: Depósito sedimentar por geleira, sem retrabalhamento por processos gravitacionais ou correntes.

Vales suspensos: No ambiente glacial, representam vales que ficaram na porção superior do relevo quando da passagem de uma geleira em fase inicial. A posterior movimentação da geleira no decorrer de muitos anos abandona o vale inicial e constrói um novo vale. Esse vale anterior no início da movimentação da geleira recebe esse nome de vale suspenso.

Varvito: Depósito sedimentar caracterizado por pares de camadas depositados em ciclos anuais de congelamento e degelo da superfície de um corpo d'água.

Referências bibliográficas

BENN, D., EVANS, D. J. A. *Glaciers and glaciation*. 2. ed. Hodder Arnold Publication, 2010. 816 p.

HAMBLIN, W. K.; CHRISTENSEN, E. H. *Earth's Dynamic Systems*. 8. ed. New Jersey: Prentice Hall, 1998. 740 p.

ROCHA CAMPO, A. C.; SANTOS, P. R. Gelo sobre a Terra. Processos e produtos. In: TEIXEIRA, W. et. al (Orgs). *Decifrando a Terra*. São Paulo: Companhia Editora Nacional, 2006. pp. 348-375.

WICANDER, R.; MONROE, J.S. *Fundamentos de Geologia*. Cengage-Leraning, 2006. 508 p. Revisão, adaptação e redação final de M. A. Carneiro.

CAPÍTULO 6
Ação e influência dos oceanos na superfície da Terra
César U. V. Veríssimo e Wellington F. S. Filho

Principais conceitos

▶ Os oceanos recobrem cerca de 70% da superfície da Terra e ocupam cinco principais bacias, onde se situam os oceanos Atlântico, Pacífico, Índico, Ártico e Antártico.

▶ Os oceanos se formaram com a atmosfera, em decorrência do vulcanismo durante os estágios iniciais da formação do planeta, entrada de águas associadas a cometas e a degasagem da Terra.

▶ Os principais agentes dinâmicos nos oceanos são as correntes marítimas, as ondas e as marés. As correntes superficiais são decorrentes da interação com a atmosfera, por meio dos ventos, os quais também geram as ondas. As correntes profundas se relacionam a gradientes de temperatura e salinidade. As marés resultam das forças gravitacionais produzidas entre Sol e Lua.

▶ A profundidade média do oceano é de aproximadamente 3 800 m e seu relevo pode ser dividido em três províncias maiores: margens continentais, bacias oceânicas profundas e cadeias mesoceânicas.

▶ O fundo oceânico é rico em minerais, além do petróleo e gás natural, destacando-se os granulados marinhos, sais evaporíticos, minerais fosfáticos e nódulos polimetálicos.

▲ Praia de Massarandupió (BA).

Introdução

Não é a toa que muitos chamam a Terra de "planeta água", já que é o único planeta do Sistema Solar com tamanha quantidade dessa substância e que recobre cerca de 70% da sua superfície.

A importância dos oceanos é tão grande quanto sua extensão, pois constituiu o berço para as primeiras formas de vida e o meio para o desenvolvimento das inúmeras espécies de animais e vegetais que atualmente habitam o planeta. Desde muito tempo, grande parte do sustento humano provem dos oceanos. Esse e outros fatores, como o clima mais ameno que os observados nos interiores continentais e a localização estratégica para o transporte de cargas e pessoas, provocaram a concentração de aproximadamente 60% da humanidade ao longo das zonas costeiras do mundo (**Figura 6.1**).

A atmosfera e os oceanos armazenam e distribuem uma grande quantidade de energia proveniente da radiação solar que pode ser convertida em eletricidade, a partir da dinâmica dos ventos, ondas, correntes e marés. Essas fontes alternativas são altamente vantajosas, por serem limpas, renováveis e de grande disponibilidade.

▲ **Figura 6.1** – Praia de Boa Viagem, Recife (PE).

A água dos oceanos

A grande massa de água salgada que recobre a superfície terrestre encontra-se distribuída em cinco principais bacias oceânicas, nas quais se situam os oceanos Atlântico, Pacífico, Índico, Ártico e Antártico (**Figura 6.2**). A principal delas é a do Oceano Pacífico, com aproximadamente 180 milhões de km², o que corresponde a cerca de 50% do total da área oceânica do planeta.

Com veremos a seguir, as bacias oceânicas são unidades geológicas e geográficas muito dinâmicas, limitadas pelas margens continentais e cordilheiras oceânicas, que podem estar em processo de expansão ou retração.

A disposição geográfica atual dos continentes é o resultado do deslocamento das placas litosféricas, que teve início a partir da fragmentação da Pangea, o supercontinente que compreendia todas as terras emersas iniciadas há cerca de 200 milhões de anos no passado geológico.

Não obstante sua individualização por nome e localização geográfica, as bacias oceânicas são interconectadas, formando um único e contínuo "oceano mundial".

Corpos menores e, em geral, menos profundos são conhecidos como mares e são individualizados pelo isolamento relativo de massas de água salgada, com ligação limitada com as bacias oceânicas. Entre os mais importantes podem ser citados os mares continentais: Báltico, Mediterrâneo, Negro, Vermelho, do Caribe e do Norte. Os mares fechados são grandes lagos de água salobra (Mar Cáspio) ou salgada (mares Morto e de Aral). O Mar Morto, por exemplo, está situado na depressão de Ghor (Oriente Próximo) e apresenta 85 km de comprimento por 17 km de largura. Ele é alimentado pelo Rio Jordão e é caracterizado por apresentar salinidade excepcionalmente elevada da água, porque o volume do aporte fluvial não compensa a forte evaporação local.

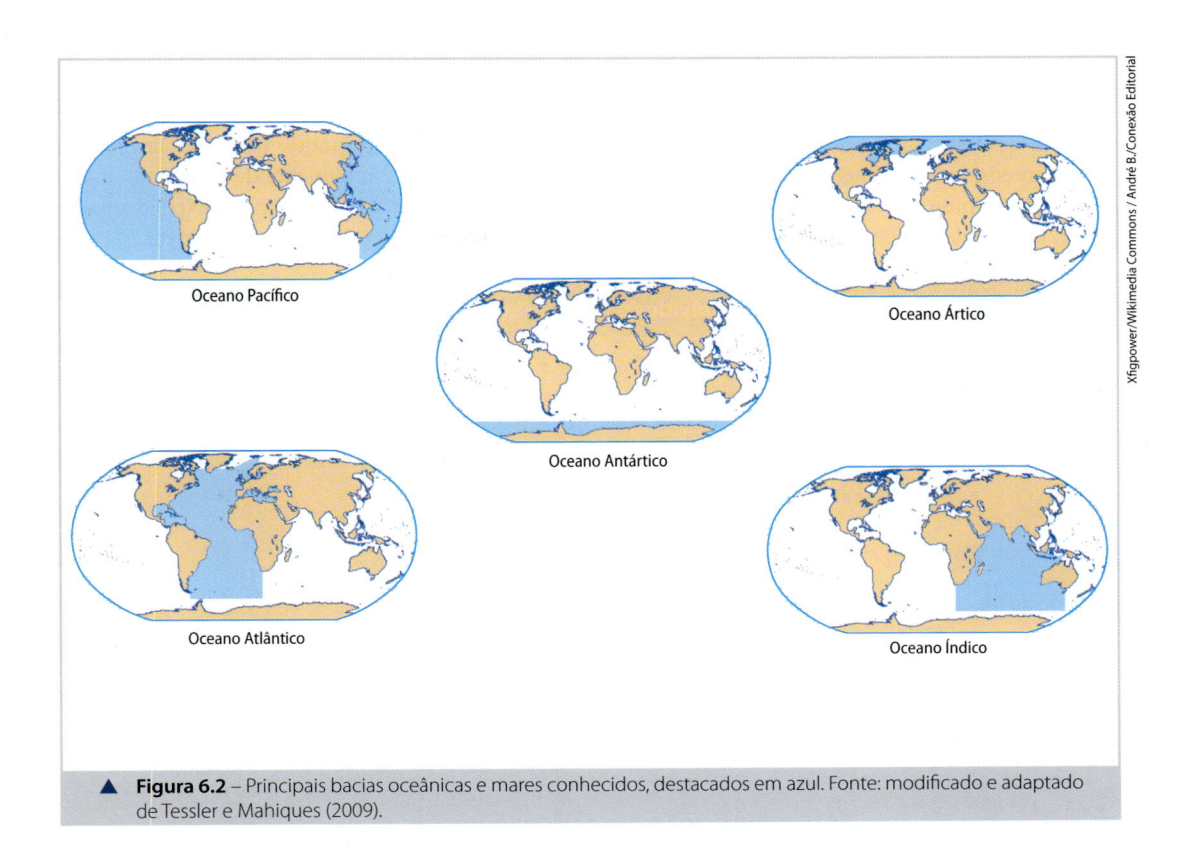

▲ **Figura 6.2** – Principais bacias oceânicas e mares conhecidos, destacados em azul. Fonte: modificado e adaptado de Tessler e Mahiques (2009).

Origem e composição

Os oceanos originaram-se com a atmosfera, quando os vulcões primitivos expeliram gases do interior da Terra, durante os estágios iniciais da formação do planeta. Esses gases eram compostos predominantemente por vapor-d'água, com pequenas quantidades de dióxido de carbono, hidrogênio e outros. Com o paulatino resfriamento da superfície da Terra, o vapor-d'água na atmosfera primitiva condensou-se e deu origem às precipitações. Há cerca de 4 bilhões de anos, no mínimo, já existiam acumulações permanentes de água na superfície do planeta (ver **Capítulos 1** e **2**).

O gosto salgado da água do mar é por causa de sua grande salinidade, ou seja, ao total de material dissolvido, principalmente cloreto de sódio (NaCl). A salinidade média dos oceanos é de aproximadamente 35 partes por mil. Os componentes principais de um quilo de água do mar são: água (965 g), cloro (19,35 g), sódio (10,76 g), sulfato (2,71 g), magnésio (1,29 g), além de quantidades menores de cálcio, potássio, bicarbonato, brometo, estrôncio, boro e fluoreto (**Tabela 6.1**). Foi constatado que amostras de água de todos os oceanos abertos contêm esses componentes em proporções muito próximas. Outras substâncias que servem de nutrientes para os microrganismos marinhos (fitoplâncton e zooplâncton) incluem o nitrogênio (principalmente como nitrato NO_3^-) e o fósforo (como fosfato PO_4^{3-}). A água dos rios apresenta cerca de 0,12 partes por mil ou 120 partes por milhão (ppm) de sais dissolvidos e a água da chuva praticamente é desprovida de sais.

A densidade da água do mar depende da temperatura, da pressão e da salinidade. Ela diminui quando a temperatura aumenta e cresce com a salinidade e a pressão. A densidade é importante porque o oceano tende a mover-se de maneira que a água mais densa se desloque para o fundo e a menos densa suba à superfície.

A origem dos sais nos oceanos pode ser explicada por processos que ocorreram na Terra primitiva e que hoje ainda acontecem, porém com menor intensidade. O intemperismo químico e a dissolução de minerais das rochas continentais, intensas chuvas decorrentes da condensação inicial do vapor-d'água atmosférica, liberaram elementos como cloro, sódio, magnésio e potássio, os quais foram e são transportados para os oceanos. O mais importante componente da salinidade marinha, que é o íon Cl^-, também foi expelido junto com o vapor-d'água de vulcões primitivos.

Tabela 6.1 – Principais materiais dissolvidos em 35‰ de água do mar (Thurman e Trujillo, 1999).

Constituintes menores (em partes por milhão, ppm)		Constituintes maiores (em partes por mil, ‰)	
Constituinte	**Concentração (ppm)**	**Constituinte**	**Concentração (‰)**
Gases		Cloreto (Cl^-)	19,3
Dióxido de Carbono (CO_2)	90	Sódio (Na^+)	10,7
Nitrogênio (N_2)	14	Sulfato (SO_4^{2-})	2,7
Oxigênio (O_2)	5	Magnésio (Mg^{2+})	1,3
Nutrientes		Cálcio (Ca^{2+})	0,41
Silício (Si)	3,0	Potássio (K^+)	0,38
Nitrogênio (N)	0,5	Total	34,79
Fósforo (P)	0,07	**Elementos-traço (em partes por bilhão, ppb)**	
Ferro (Fe)	0,002	**Constituinte**	**Concentração (ppb)**
Outros		Iodo (I)	60
Bromo (Br)	65,0	Manganês (Mn)	2
Carbono (C)	28,0	Chumbo (Pb)	0,03
Estrôncio (Sr)	8,0	Mercúrio (Hg)	0,03
Boro (B)	4,6	Ouro (Au)	0,005

Parte dessas substâncias (*e.g.*, silício, cálcio e fósforo) é utilizada por plantas e animais marinhos na constituição de partes duras, como crostas de algas calcárias, esqueletos de peixes e conchas de moluscos. Sedimentos depositados no fundo do mar também incorporam alguns elementos (*e.g.*, potássio e sódio). Existe, entretanto, um equilíbrio entre fornecimento e consumo, pelo que a composição da água do mar é essencialmente constante. E assim parece ter permanecido desde os primórdios, já que estudos geoquímicos de sedimentos marinhos antigos evidenciam que a salinidade dos oceanos manteve-se relativamente inalterada através das eras geológicas.

Para a maioria dos pesquisadores, a elevada salinidade dos oceanos pode ser explicada em função dos longos intervalos de tempo em que os sais permanecem dissolvidos neles, denominados períodos de residência (ver **Capítulo 1**). Para os íons mais abundantes na água do mar, como cloreto e sódio, os períodos de residência são de 120 M.a. e 75 M.a., respectivamente.

Correntes marítimas

O movimento da água nos oceanos não se limita ao vai e vem das ondas no litoral ou à subida e descida das marés. A água do mar também se movimenta ao redor do globo, em circuitos que podem durar até mil anos.

As massas de água com características diferentes das águas que as circundam são denominadas correntes marítimas ou oceânicas, que se assemelham a rios movendo-se no meio do oceano. Existem correntes superficiais, intermediárias e profundas, que podem ser de água quente ou fria. As correntes quentes e frias possuem características opostas. As quentes tendem a ser estreitas, rápidas e superficiais, formam-se nas proximidades do Equador e dirigem-se depois para altas latitudes. As frias são extensas, vagarosas e profundas, originam-se na superfície oceânica próxima aos polos e afundam por densidade, seguindo em direção ao Equador.

As massas de águas superficiais mais quentes são separadas das mais profundas e frias por uma zona de queda abrupta de temperatura, denominada termoclina.

A circulação das correntes marítimas na superfície dos oceanos e em profundidade é controlada por diferentes processos. Na superfície, os oceanos se movem, principalmente, em resposta a ação dos ventos, enquanto as águas mais profundas movimentam-se em função das variações vertical e horizontal da densidade e temperatura da água (circulação termohalina).

Influenciadas pelos ventos e pelo efeito da força de Coriolis, as correntes marítimas percorrem trajetórias circulares, que giram no sentido horário no Hemisfério Norte e no anti-horário no Hemisfério Sul. Como consequência, são formadas as correntes Equatoriais Norte e Sul (**Figuras 6.3**).

Quando se considera o Oceano Atlântico como exemplo, o sistema de circulação superficial das águas pode ser representado por dois grandes vórtices ou redemoinhos, um no Atlântico Norte e outro no Atlântico Sul. Essas correntes são provocadas pela ação dos ventos alísios e também pela rotação da Terra. As do Atlântico Norte, entre as quais se encontram as correntes Norte-equatoriais, a das Canárias e a corrente do Golfo, movem-se no sentido horário. As do Atlântico Sul, entre as quais se destacam a do Brasil, a de Benguela e a corrente Sul-equatorial, orientam-se no sentido anti-horário (**Figura 6.3**).

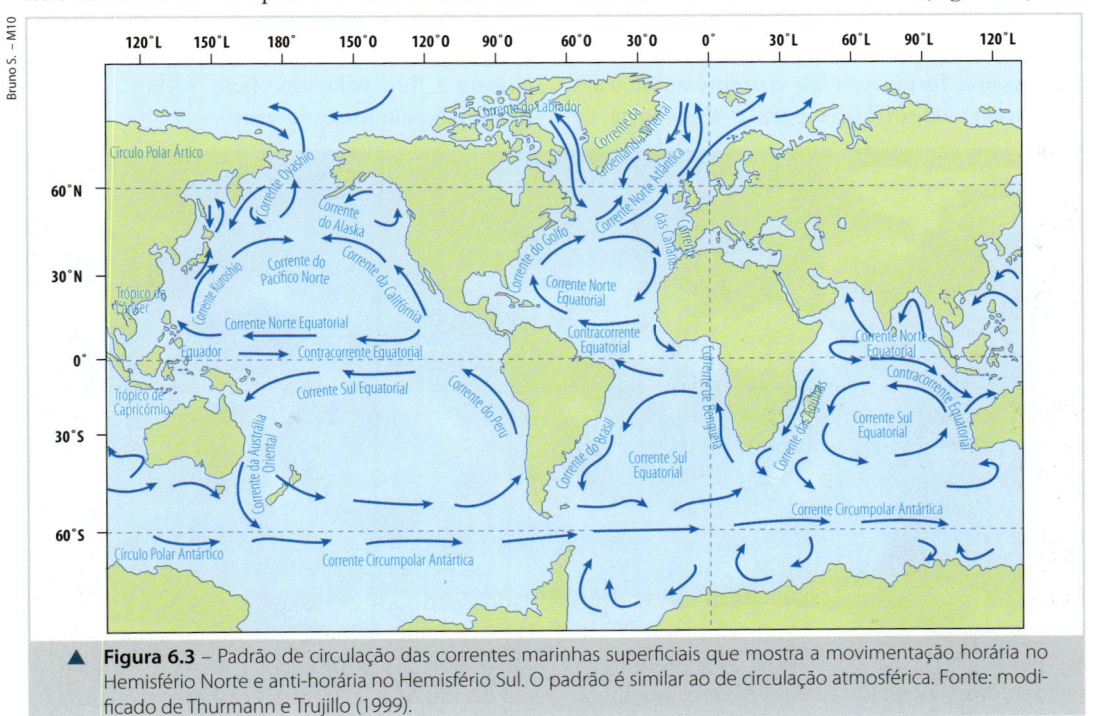

▲ **Figura 6.3** – Padrão de circulação das correntes marinhas superficiais que mostra a movimentação horária no Hemisfério Norte e anti-horária no Hemisfério Sul. O padrão é similar ao de circulação atmosférica. Fonte: modificado de Thurmann e Trujillo (1999).

A circulação oceânica em profundidade encontra-se ilustrada na **Figura 6.4**. O oceano possui um gradiente de densidade horizontal, que varia do Equador rumo a cada polo, e um gradiente de densidade vertical, que varia da superfície para as zonas mais profundas. Nessa situação, as águas frias provenientes das regiões Antártica e Ártica afundam lentamente rumo ao Equador.

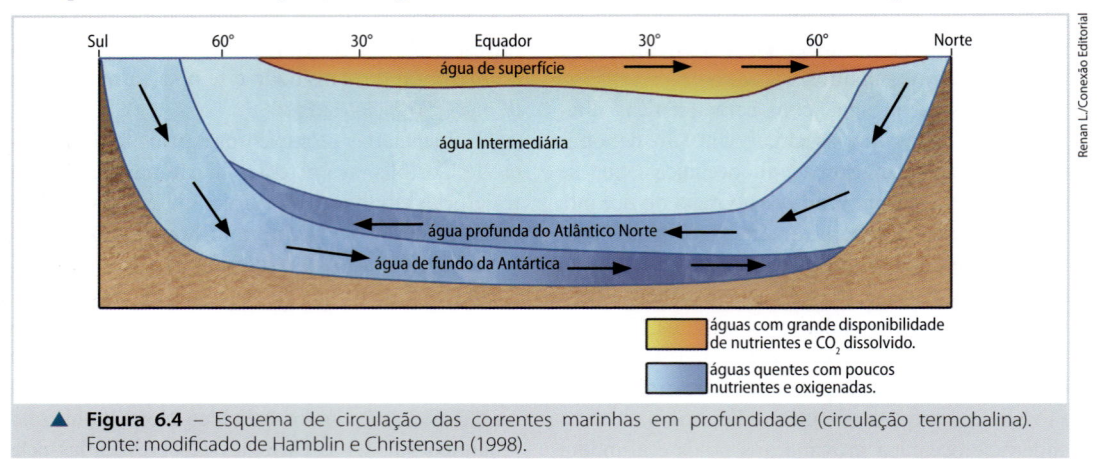

▲ **Figura 6.4** – Esquema de circulação das correntes marinhas em profundidade (circulação termohalina). Fonte: modificado de Hamblin e Christensen (1998).

Entretanto, há uma integração entre os padrões de circulação superficial e profunda, como numa "esteira rolante" (**Figura 6.5**). As águas quentes tropicais do Atlântico deslocam-se na superfície para o Polo Norte e vão se resfriando. Com a redução da temperatura, aumenta a densidade das massas d'água que descem para zonas mais profundas e voltam-se para o Sul. Assim, forma-se uma corrente submarina de extrema importância para o transporte de nutrientes que, após alcançar o extremo meridional da África, se junta às águas profundas que originam a Corrente Circumpolar Antártica (**Figura 6.5**). Nos oceanos Índico e Pacífico as águas sobem à superfície pelo afastamento das águas superficiais da costa oriental dos continentes, que é um fenômeno resultante da circulação superficial dos oceanos. Desse modo, passam a fluir pela superfície, voltando para o Atlântico pela força do vento.

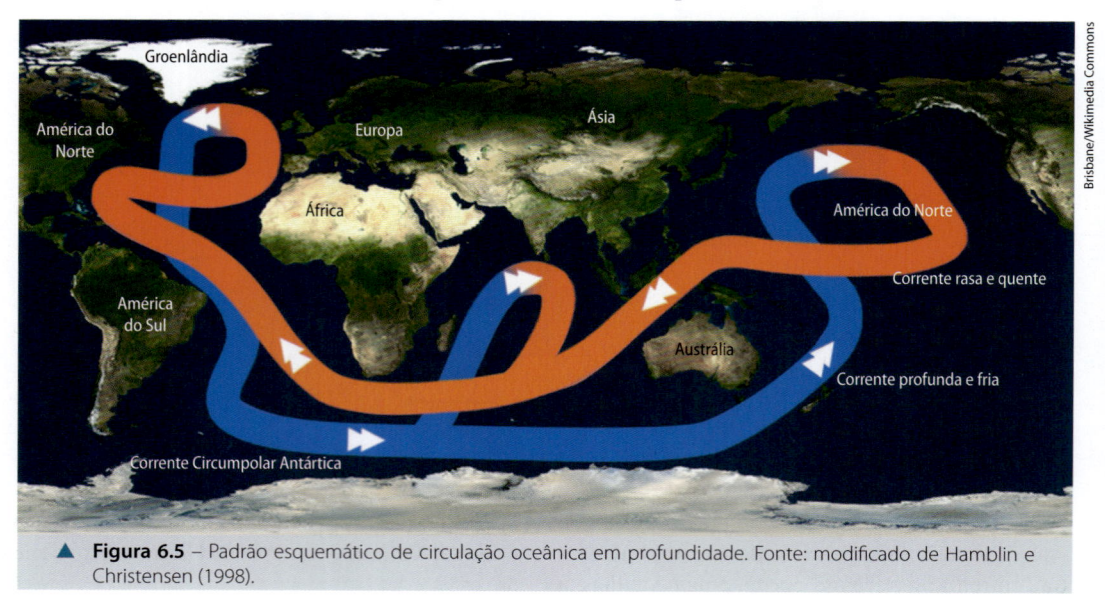

▲ **Figura 6.5** – Padrão esquemático de circulação oceânica em profundidade. Fonte: modificado de Hamblin e Christensen (1998).

As correntes marítimas influenciam o clima do planeta e as atividades humanas importantes, como a pesca e a navegação. Através da interação dos oceanos com a atmosfera, as correntes quentes podem ter um efeito moderador sobre um clima frio, enquanto correntes frias podem ter influência na aridez do clima no interior do continente. Como exemplo, pode-se citar a Corrente do Golfo, que transporta a água quente do Mar do Caribe para o Atlântico Norte, liberando calor e umidade para a atmosfera e evitando o congelamento dos portos europeus. Por outro lado, a corrente do Labrador desce do Ártico e congela o porto de Nova York no inverno. Já as correntes frias da Califórnia e do Peru (ou Humboldt) são responsáveis pelo clima árido existente no litoral do Oceano Pacífico.

Além de conduzir calor das regiões mais quentes do planeta para as regiões mais frias (dos trópicos para os polos), as correntes marítimas são fundamentais para a distribuição de nutrientes e manutenção da vida nos oceanos. Quando as águas superficiais se deslocam no sentido do litoral para o mar aberto, as águas provenientes de maiores profundidades se movem para cima substituindo as águas superficiais (**Figura 6.6**). Este movimento vertical, conhecido como afloramento costeiro ou ressurgência, é de grande importância econômica porque as massas d'água mais profundas são geralmente mais frias e ricas em nutrientes, com fosfatos e nitratos. Esses nutrientes são fundamentais para o metabolismo do fitoplâncton, que constitui a base da cadeia alimentar nos oceanos. O efeito final é uma diminuição da temperatura superficial e um aumento da produtividade biológica nessas áreas, com proliferação de microrganismos e, portanto, de peixes.

▲ **Figura 6.6** – Movimento vertical em esquema próximo à costa conhecido como ressurgência. Fonte: modificado de Wicander e Monroe (2006).

As águas ricas em nutrientes, procedentes da Corrente Circumpolar Antártica alcançam a superfície e originam a corrente do Peru, ao longo da costa do Chile e do Peru, que alimentam cardumes gigantescos de anchovas, um recurso alimentício de importância mundial.

Na navegação, as correntes marítimas influenciaram as rotas marítimas de portugueses e espanhóis durante a época dos Grandes Descobrimentos. Um exemplo é a descoberta do caminho marítimo para a Índia há pouco mais que 500 anos, quando os marinheiros portugueses tiveram que enfrentar a perigosa corrente das Agulhas, a sudeste da África, em uma zona onde ventos com velocidades superiores a 180 km/h deslocam-se em sentido contrário ao da corrente, originando ondas gigantes. Essas ondas, que causam frequentes naufrágios na região, deram origem a vários mitos relacionados a monstros marinhos.

As correntes marítimas também interferiram na navegação dos portugueses e espanhóis à América do Sul, como no caso das correntes do Brasil e das Canárias na chegada ao Brasil, da corrente do Peru ao litoral do Peru e Chile, da corrente da Califórnia às partes ocidentais da América do Norte e Central e, finalmente, da corrente das Malvinas à parte sul da América do Sul.

Marés

As marés representam subidas e descidas periódicas e previsíveis do nível médio dos oceanos, que ocorrem em escala global. Por causa da atração gravitacional da Lua e do Sol, formam-se ondulações sobre a superfície oceânica, com comprimentos de milhares de quilômetros e altura que pode alcançar 1 m, em oceano aberto. Essas gigantescas ondulações varrem as zonas litorâneas à medida que a Terra realiza seu movimento de rotação, ocasionando os movimentos alternados de subida e descida do nível do mar, denominados marés enchente e vazante, respectivamente.

Por uma questão de simplicidade, considerem-se inicialmente dois pontos diametralmente opostos, A e B, localizados na superfície da Terra e sobre uma reta imaginária que passe pelos centros da Terra e da Lua (**Figura 6.7**). Os dois pontos estão submetidos à atração gravitacional da Lua, que é inversamente proporcional ao quadrado das distâncias e, portanto, maior na face voltada para a Lua (ponto A) que na face oposta (ponto B). Também há a influência da aceleração centrífuga relacionada ao eixo comum de rotação do sistema Terra-Lua, que apresenta valores iguais em ambos os pontos. O balanço entre atração gravitacional e aceleração centrífuga gera forças resultantes de mesma intensidade, porém com sentidos opostos, em cada um dos pontos considerados. O mesmo raciocínio pode ser aplicado para qualquer outro ponto na superfície do globo e a componente horizontal da força resultante é a chamada força geradora de maré, responsável pela criação das gigantescas ondulações situadas em lados opostos do corpo oceânico que ocasionam as marés.

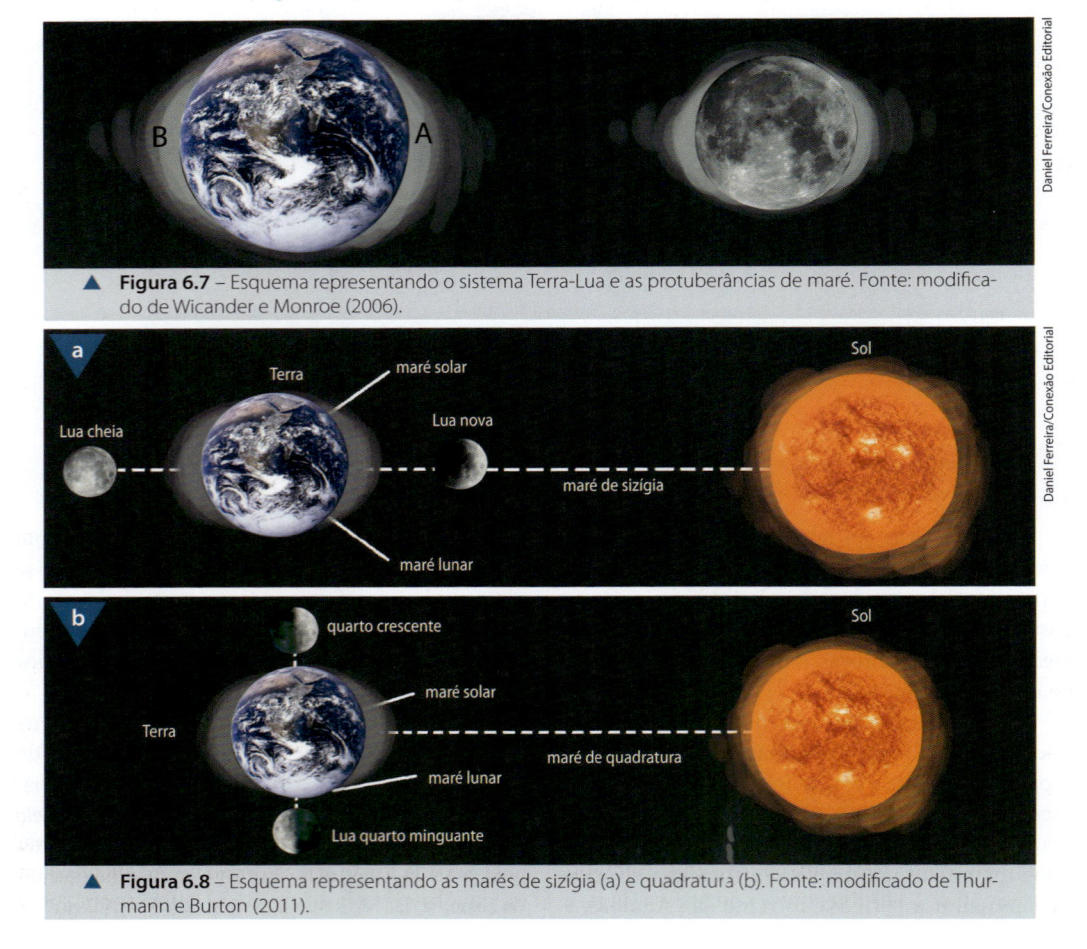

▲ **Figura 6.7** – Esquema representando o sistema Terra-Lua e as protuberâncias de maré. Fonte: modificado de Wicander e Monroe (2006).

▲ **Figura 6.8** – Esquema representando as marés de sizígia (a) e quadratura (b). Fonte: modificado de Thurmann e Burton (2011).

A intensidade da força geradora de maré do Sol é um pouco menor que a metade da força gerada de maré da Lua e as duas forças se somam quando o sistema Sol-Terra-Lua está alinhado (**Figura 6.8a**), gerando as maiores amplitudes de maré, ou seja, as maiores diferenças entre a maré alta e a maré baixa. Nesse caso, ocorrem as marés de sizígia, em épocas de lua cheia e nova. Quando o sistema Sol-Terra-Lua forma um triângulo retângulo (**Figura 6.8b**), em épocas de lua quarto crescente e minguante, as forças de atração solar e lunar atuam perpendiculares uma à outra, resultando em uma força menor que a soma das duas e gerando as menores amplitudes de marés. Nesse caso, ocorrem as marés de quadratura.

A amplitude das marés varia muito de um lugar para outro. As maiores amplitudes de marés do mundo ocorrem na Baia de Fundy (Nova Scotia), onde chegam a alcançar 17 metros por causa da amplificação da energia no interior da baía. No Brasil, as maiores amplitudes de marés ocorrem no litoral do Maranhão, onde podem alcançar 8 metros.

A diferença entre a maré observada e a prevista ocorre por causa do vento e das variações de pressão atmosférica, sendo denominada de maré meteorológica.

Ondas

A maioria das ondas no oceano é gerada pela transferência de energia do vento para a superfície do corpo d'água. Sua descrição é feita através de alguns parâmetros geométricos (**Figura 6.9**). A altura está relacionada à energia da onda e é definida como a distância vertical entre o ponto mais alto da crista (parte mais elevada) e o ponto mais baixo da calha (parte mais deprimida) da onda. No mar alto, as ondas geradas pelo vento apresentam, em sua maioria, altura inferior a 2 m, embora não seja incomum observar ondas com altura de 10 m. Para que se tenha uma ideia do limite máximo de altura, a maior onda gerada pelo vento devidamente documentada alcançou 34 m. O comprimento de onda é a distância horizontal entre duas cristas de onda consecutivas e influencia diretamente na velocidade da onda. A maioria das ondas geradas pelo vento tem comprimento de onda que varia entre 20 e 200 m e move-se em águas profundas com velocidades entre 20 e 70 km/h. Em adição, um parâmetro muito utilizado para caracterizar as ondas é seu período, definido como o intervalo de tempo entre a passagem de duas cristas ou calhas sucessivas por um ponto fixo.

O desenvolvimento das ondas em águas profundas é influenciado principalmente por fatores como velocidade e duração do vento que sopra sobre a superfície dos oceanos, além da área de contato entre a massa de ar e a superfície da água, denominada de área de geração. A forma da onda representa a expressão superficial de trajetórias orbitais circulares das partículas de água, as quais se movem para cima, para frente, para baixo e para trás, voltando à posição inicial à medida que a onda passa (**Figura 6.10**). À superfície, o diâmetro do movimento orbital circular é igual à altura da onda. Abaixo da superfície ocorre uma diminuição progressiva do tamanho do diâmetro orbital, até que o movimento desaparece a uma profundidade igual à metade do comprimento de onda, denominada de base de onda. Ou seja, abaixo dessa profundidade a ondulação não influencia no movimento das partículas de água ou dos sedimentos de fundo (**Quadro 6.1**). É por essa razão que submarinos podem viajar tranquilamente submersos enquanto à superfície os navios são violentamente agitados pelas ondas.

▲ **Figura 6.9** – Esquema indicando os parâmetros geométricos das ondas. Fonte: modificado de Hamblin e Christensen (1998).

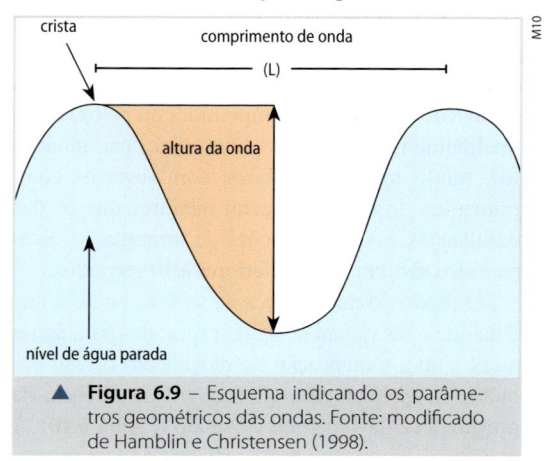

A forma das ondas é variável. Ondas curtas podem originar-se durante uma tempestade e criam uma superfície de mar caótica, normalmente com espuma branca à medida que o vento sopra sobre

Figura 6.10 – Modelo representando esquematicamente as trajetórias das partículas orbitais da água e do formato das ondas com a aproximação da praia. Fonte: modificado de Hamblin e Christensen (1998).

Quadro 6.1 – Tsunami

Palavra japonesa que significa "onda de porto", os *tsunamis* são ondas que ocorrem após perturbações abruptas no fundo marinho capazes de afetar a coluna de água, como maremotos (terremotos em regiões cobertas por oceanos), erupções vulcânicas, deslizamentos de terras ou gelo, ou ainda, o impacto de meteoros. Em oceano aberto, essas ondas apresentam altura de cerca de 0,5 m, contrastando com seu comprimento de onda, tipicamente maior que 200 km, e sua velocidade, que pode alcançar 700 km/h. Na zona costeira, um *tsunami* não se apresenta como uma onda gigante que se rompe violentamente, mas como uma ondulação que leva vários minutos para alcançar uma altura de até 40 m acima do nível normal do mar, provocando um grande avanço ou retração da água em relação à praia, como se fossem marés extremas. O caráter mortal dessas ondas deve-se à sua extrema velocidade de avanço nas praias afetadas, mais de 4 m/s, muito maior que a velocidade de uma pessoa correndo. O oceano com a maior incidência de *tsunamis* é o Pacífico.

---

suas cristas. Fora dessa área de geração, as ondas se tornam mais regulares, com cristas achatadas e maiores comprimentos de onda. Denominação para tal tipo de onda é ondulação ou *swell*, a qual apresenta períodos em geral superiores a 13 segundos e podem viajar mais de 10 000 km nos oceanos até alcançar uma linha de costa. Já as ondas que ocorrem na área de geração, por tempestades ou pelos ventos predominantes em tempo bom, são denominadas *sea*, sendo muito irregulares, com diversos comprimentos de onda, em geral menores que os das ondulações, e várias direções de propagação. Seus períodos são, em geral, inferiores a 10 segundos.

O fundo do mar começa a afetar as ondas à medida que estas viajam de águas profundas para águas rasas, com a modificação do movimento orbital das ondas, de circular para elíptico, em decorrência da proximidade da superfície de fundo (**Figura 6.10**). A onda também diminui de velocidade e de comprimento e aumenta de altura. Simultaneamente, o declive e a diminuição de profundidade do fundo do mar empurram a onda para cima à medida que esta se aproxima da linha de costa, fazendo com que se torne cada vez mais inclinada até que sua crista desaba para frente (por causa de seu sentido de propagação), movendo-se com velocidade superior ao resto do corpo principal. Nesse instante ocorre o colapso da onda, processo denominado de arrebentação (**Figura 6.11**). Quando as ondas quebram na zona de arrebentação, uma grande parte da sua energia é dependida para mover a areia ao longo da praia.

Após a arrebentação, a onda avança como uma massa de água turbulenta e espumosa em direção ao continente, dentro da zona de surfe. Em seguida, ocorre o espalhamento da água declive acima sobre a superfície da praia, seguido de sua descida por ação da gravidade, dentro da zona de espraiamento.

Figura 6.11 – Onda em processo de arrebentação.

A organização do relevo oceânico

A profundidade média do oceano é de 3 865 m e, ao contrário do que se imaginava anteriormente, o fundo do mar possui grandes irregularidades, incluindo vales e montanhas com dimensões por vezes gigantescas. O relevo oceânico pode ser dividido em três províncias maiores: margens continentais, bacias oceânicas profundas e cadeias mesoceânicas (**Figura 6.12**).

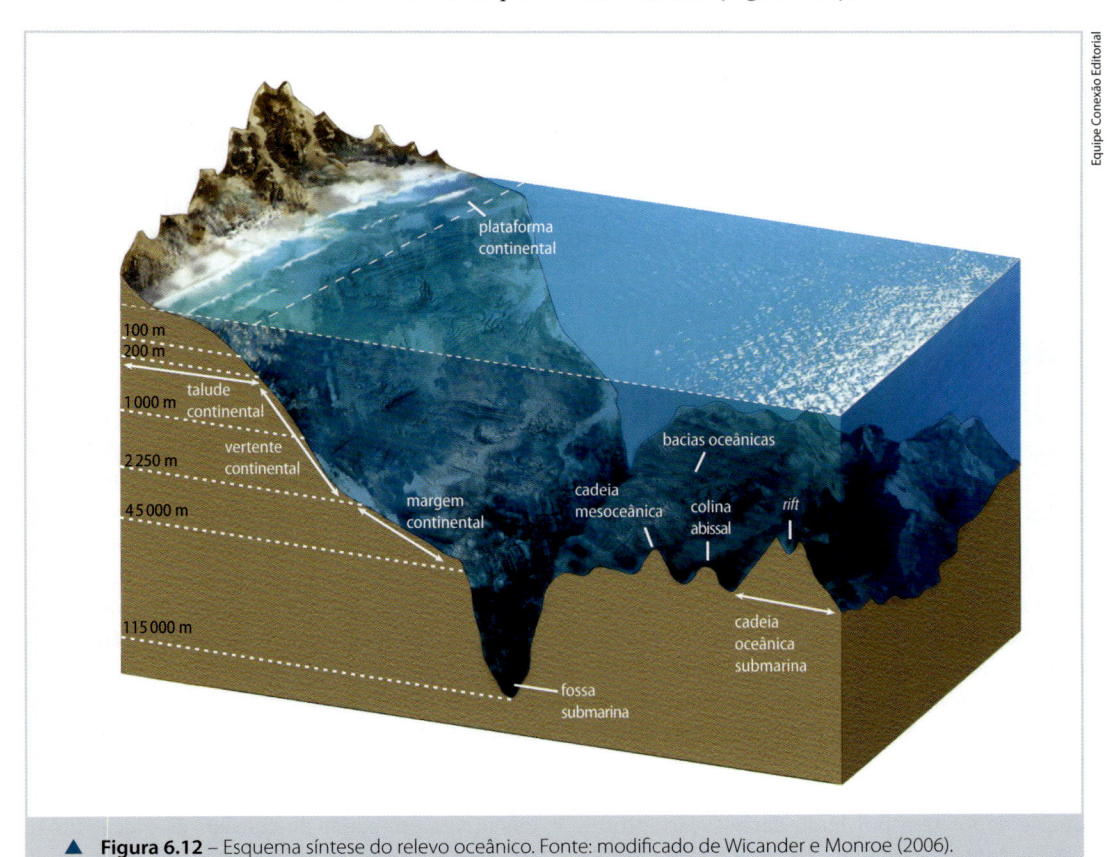

▲ **Figura 6.12** – Esquema síntese do relevo oceânico. Fonte: modificado de Wicander e Monroe (2006).

Margens continentais

A margem continental corresponde à zona que separa o continente emerso da planície abissal e é constituída fundamentalmente pela plataforma continental e pelo talude continental.

As plataformas continentais são regiões pouco profundas em torno dos continentes, compreendidas entre o nível médio da maré baixa e profundidades máximas de 200 metros. Apresentam declividades muito suaves (menos de 1°) e correspondem a aproximadamente 7,6% da área total dos oceanos. Sua extensão média é de 60 km, podendo variar de 1 000 km no Ártico até alguns quilômetros, como na Costa Oeste das Américas do Norte e do Sul.

As plataformas que apresentam maior largura ocorrem nas proximidades de planícies e regiões de relevo suave, enquanto as mais estreitas (quando existentes) ocorrem próximas a áreas montanhosas. Em termos de tectônica de placas, as primeiras se relacionam a margens passivas, enquanto as segundas se relacionam a margens ativas. As plataformas continentais têm o relevo modelado não apenas pela dinâmica marinha, mas também por ação da erosão a céu aberto em períodos de emersão ocasionada pelo rebaixamento do nível do mar em decorrência de glaciações. Às vezes, aparecem entalhes ou redes de entalhes submarinos que constituem prolongamentos das redes fluviais na zona continental adjacente (paleovales ou vales afogados). As plataformas continentais são regiões de extrema importância econômica para a pesca, extração de petróleo e de gás (**Figura 6.12**).

O talude continental corresponde à porção inferior e mais íngreme da margem continental, com declividades médias da ordem de 4° e profundidades que podem alcançar até 3 500 metros. No talude, é comum a ocorrência de vales de paredes abruptas com perfil em "V", denominados canhões submarinos. A hipótese mais aceita para sua origem é que, em vez de formados por cursos fluviais, como na plataforma continental, são decorrentes do grande poder erosivo das correntes de turbidez, ou seja, de misturas de água e sedimentos altamente concentradas e turbulentas que fluem por ação da gravidade talude abaixo.

Por vezes, o talude é separado da planície abissal adjacente por uma quebra de declividade denominada sopé ou elevação continental, com largura entre 300 e 400 km e declividade de 0,06° a 0,6°.

Bacias oceânicas profundas

A bacia oceânica profunda ocorre além da margem continental e abrange cerca de 80% da área total dos oceanos, apresentando profundidades da ordem de milhares de metros. Essa região apresenta grande diversidade topográfica, incluindo formas que vão desde imensas planícies até grandes montanhas. As mais importantes são: planícies abissais, colinas abissais, montanhas submarinas e fossas submarinas (**Figura 6.12**).

As planícies abissais correspondem às áreas oceânicas onde a luz solar não penetra e as profundidades variam entre 4 500 e 6 000 metros. São recobertas de finas partículas sedimentares que se depositam por lenta decantação, produzindo espessas camadas no decorrer de milhões de anos.

As colinas abissais são conjuntos de pequenas elevações do fundo oceânico, com altura média de 200 m (porém nunca maior que 1 000 m) e extensões que variam entre 100 m e 100 km. São tão difundidos que representam um dos tipos de relevo mais comuns na superfície do planeta.

As montanhas submarinas são formas isoladas de relevo de grande amplitude, com formato cônico, correspondendo normalmente a vulcões extintos e de alguns ativos que se elevam a mais de 1 000 m do fundo oceânico. Aquelas que se estendem acima do nível do mar formam as ilhas oceânicas. As montanhas com topo relativamente plano, cuja profundidade geralmente é inferior a 180 m, são denominadas de bancos oceânicos ou *guyots*.

Já as fossas submarinas são depressões estreitas, alongadas e profundas, cujas paredes laterais apresentam declividades usualmente entre 8° e 15°. Situam-se junto às margens continentais ativas, em zonas de colisões de placas litosféricas. Ocorrem associadas a vulcões ativos (*e.g.* Japão) ou a cadeias de montanhas (*e.g.* Andes), em seu lado voltado para o continente, sendo também palco de fortes terremotos. As maiores profundidades na superfície da Terra são encontradas nas fossas oceânicas, com o recorde para a área do abismo Challenger, na fossa Mariana, que alcança 11 022 m.

Cadeias mesoceânicas

As cadeias ou dorsais mesoceânicas são conjuntos de montanhas de origem vulcânica e grande incidência de terremotos, de forma alongada e padrão interconectado, prolongando-se por todas bacias oceânicas e formando o mais extenso sistema montanhoso do planeta, com cerca de 65 000 km (**Figura 6.13**). A largura das cadeias mesoceânicas varia ao longo de sua extensão, com média em torno de 1 000 km. Com porte comparável ao das cadeias de montanhas continentais, elevam-se, em média, a 2 500 m acima do nível das planícies abissais ou províncias de montes submarinos adjacentes. Em algumas áreas, como na Islândia, a cadeia mesoceânica se eleva acima do nível do mar.

O caráter inteiramente vulcânico das cadeias mesoceânicas é atestado por sua composição inteiramente basáltica, representando os locais onde a crosta oceânica é criada pelo processo de espalhamento do assoalho oceânico. Ao longo das cristas submarinas ocorre um vale que corresponde a uma fenda (*rift*), gerado pelo afastamento das placas litosféricas. Nesses vales, há uma intensa atividade geológica, com derrames de lavas que se resfriam como grandes gotas, adquirindo a forma de almofadas quando empilhadas (*pillow lavas*). Há também numerosas fontes de exalações hidrotermais ricas em enxofre e metais como ferro, cobre, zinco etc.

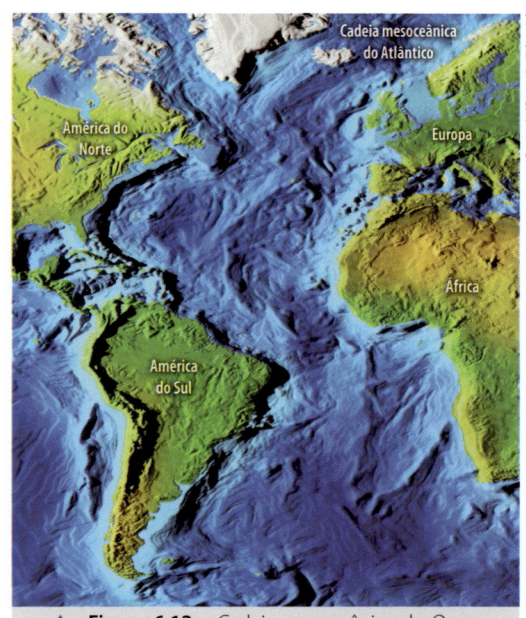

▲ **Figura 6.13** – Cadeia mesoceânica do Oceano Atlântico. Fonte: modificado de Wicander e Monroe (2006).

Recursos minerais marinhos

O fundo oceânico é rico em potencial mineral. Enquanto os recursos localizados nas planícies abissais não devem ser explorados em futuro próximo, por sua inacessibilidade, aqueles em águas mais rasas se apresentam como alvos atraentes.

Além do petróleo e gás natural, existem outros recursos minerais marinhos de interesse econômico, a saber: granulados marinhos, sais evaporíticos, minerais fosfáticos e nódulos polimetálicos.

Granulados marinhos

Incluem areias e cascalhos que ocorrem nas plataformas continentais. Alguns granulados marinhos são compostos predominantemente de minerais silicáticos (essencialmente quartzo), sendo denominados sedimentos siliciclásticos. Já aqueles granulados constituídos predominantemente de conchas e fragmentos de algas calcárias (essencialmente carbonato de cálcio) são denominados sedimentos bioclásticos. Esses depósitos são minerados costa afora por dragas de caçamba ou hidráulicas (sucção).

Normalmente, os granulados siliciclásticos marinhos são utilizados na construção civil, regeneração de praias afetadas por erosão, indústria química, indústria de vidro, abrasivos e para moldes de fundição. Atualmente e no plano mundial, depois do petróleo e gás natural, são os depósitos marinhos mais extraídos do fundo dos oceanos. Já os granulados bioclásticos são utilizados principalmente na agricultura (corretivos de solo), potabilização de águas para consumo humano, indústria de cosméticos e dietética, implantes em cirurgia óssea, nutrição animal e tratamento da água em lagos. Alguns sedimentos siliciclásticos marinhos podem conter quantidades comerciais de diamantes, ouro e minerais pesados (mais densos que o quartzo), como monazita, ilmenita, cassiterita etc.

Sais evaporíticos

Quando a água do mar evapora, as concentrações relativas dos sais dissolvidos (solutos) aumentam com relação à água (solvente) até que ocorre sua precipitação, formando os depósitos evaporíticos. Aqueles de maior interesse econômico são a halita e a gipsita. A halita (ou sal de cozinha) é amplamente utilizada no tempero e na preservação de alimentos, produção de cloro, sódio, ácido clorídrico etc. Já a gipsita é utilizada principalmente na fabricação de cimento, gesso, corretivos de solo e ácido sulfúrico.

Fosforita

É uma rocha sedimentar composta de vários minerais fosfáticos (*e.g.* apatita). Embora nenhum depósito comercial esteja sendo minerado atualmente nos oceanos, o potencial é grande, já que as reservas são estimadas em mais de 45 bilhões de toneladas. A fosforita ocorre em profundidades menores que 300 metros, em plataformas e taludes continentais. Sua principal utilidade é a produção de fertilizantes fosfáticos.

Nódulos polimetálicos

Os nódulos polimetálicos contêm concentrações significantes de manganês, junto com cobre, níquel, cobalto e ferro. São encontrados em vastas áreas das planícies abissais (**Figura 6.14**), principalmente no Oceano Pacífico Leste, entre Havaí e México. Embora os metais encontrados nesses depósitos tenham larga aplicação na indústria metalúrgica, os custos para explorá-los em profundidades tão grandes são elevados.

▲ **Figura 6.14** – Nódulos polimetálicos no fundo do Oceano Pacífico Central Norte, a 5 157 m de profundidade. Tamanho médio dos nódulos de 12 cm.

Conclusão

Em vários aspectos, os oceanos são de fundamental importância para a vida no planeta e para a sobrevivência do ser humano. Com vastas regiões de fundo quase desconhecidas, recursos minerais e vivos ainda intocados, além de um imenso potencial energético, os oceanos devem ser encarados como mais que simples via de dispersão da raça humana entre os continentes, mas como importante fronteira a ser conhecida e respeitada, dentro de seus limites ambientais, para o prolongamento da existência humana no planeta Terra.

Revisão de conceitos

1. Quais são as principais bacias oceânicas do planeta Terra?
2. Como se formaram os oceanos?
3. Quais são os principais agentes dinâmicos dos oceanos? Explique cada um deles.
4. Quais são as grandes províncias do relevo submarino? Descreva cada uma delas.
5. Que recursos minerais ocorrem no fundo oceânico? Quais suas utilizações?

GLOSSÁRIO

Afloramento: Local na superfície da Terra onde pode ser observada a existência de material rochoso que não sofreu degradação pelo intemperismo.

Bioclástico: Refere-se à matéria orgânica sem vida que constituirá os sedimentos de fundo ou de uma praia. As conchas encontradas na beira da praia são um exemplo de bioclasto.

Cassiterita: Óxido de estanho. Grãos de cor púrpura, preta, castanho-avermelhada ou amarela. Principal minério de estanho.

Circulação termohalina: É a circulação de água do mar em que a temperatura e a salinidade, ambas elevadas, implicam a modificação da densidade em relação a uma camada de água do mar que não as possui, fazendo que essa diferença de densidade movimente uma massa de água do mar em relação a outra.

Corretivo de solo: Refere-se à adição de compostos químicos inorgânicos aplicados em um solo com a finalidade de mudar seu pH. Um exemplo de corretivo é a adição de calcário, cujo uso visa diminuir a acidez do solo.

Espalhamento do assoalho oceânico: Processo de crescimento lateral concomitante ao afastamento de duas placas litosféricas em regiões de cadeias mesoceânicas, a partir de atividades vulcânicas nelas ocorridas.

Exalações hidrotermais: Associação entre exalações vulcânicas no fundo oceânico em associação com a água do mar percolando fraturas nas rochas recém-formadas das cadeias mesoceânicas e que se aquece, carreando íons metálicos (Cu, Zn, Fe, Mo, entre outros).

Fitoplâncton: Nome dado ao conjunto de organismos aquáticos microscópicos que têm capacidade fotossintética e vivem dispersos, flutuando na coluna d'água. Fazem parte desse grupo de organismos diversos tipos de algas, as cianobactérias (ou algas azuis) e vários ramos dos protistas (as diatomáceas etc.). O fitoplâncton encontra-se na base da cadeia alimentar dos ecossistemas aquáticos e servem de alimento a organismos maiores. Tradicionalmente, divide-se a comunidade planctônica em **fitoplâncton** (plâncton vegetal) e **zooplâncton** (plâncton animal).

Gipsita: Sulfato de cálcio hidratado. Também é conhecida como gesso.

Halita: Cloreto de sódio. Ocorre como cristais em formato de cubo.

Ilmenita: Óxido de ferro e titânio. Mineral de cor preta, levemente magnético. É utilizado principalmente para a produção de dióxido de titânio, um pigmento branco utilizado em tintas de alta qualidade.

Intemperismo: Desintegração e decomposição das rochas sob a ação de fatores superficiais, como água, variações de temperatura, organismos vivos etc.

Margem ativa: Margem continental próxima a limites de placas litosféricas, com grande incidência de terremotos e vulcanismo.

Margem passiva: Margem continental no interior de placas litosféricas, com ausência de grandes terremotos e vulcanismo.

Monazita: Fosfato de terras raras, na forma de pequenos cristais isolados de cor castanho-avermelhada. Importante fonte de tório, lantânio e cério.

Movimento vertical: Deslocamento de uma massa de água do mar, de uma porção inferior para uma porção superior.

Placas litosféricas: Elementos maiores que constituem a camada mais externa da estrutura da Terra (litosfera), com espessura máxima de aproximadamente 200 km, os quais se movem uns em relação aos outros.

Quartzo: Mineral muito resistente, comum na superfície da Terra e composto de sílica ($SiO2$).

Siliciclásticos: Todos compostos que contêm silício (carapaças de organismos; finas areias de praia, transportadas pelo vento, que se depositam abaixo da lâmina de água do oceano).

Vórtices ou redemoinhos: Diz respeito aos movimentos circulares de massas de água produzidos por contato entre duas correntes de água que se movimentam em direções diferentes. Essas direções jamais são paralelas: são contrárias ou inclinadas entre si.

Zooplâncton: Corresponde à fração do plâncton constituída de seres que se alimentam pela ingestão de matéria orgânica. Compreende um conjunto dos organismos aquáticos que não têm capacidade fotossintética e vivem dispersos na coluna superficial da água, apresentando pouca capacidade de locomoção, constantemente arrastados pelas correntes oceânicas ou pelas águas de um rio. Inclui alguns protozoários, pequenos crustáceos (copépodes ou cladóceros), diversos protistas, larvas de espongiários, equinodermos e outros artrópodes aquáticos, rotíferos e fases juvenis de peixes (alevinos). Representa o segundo elo da cadeia alimentar dos ecossistemas aquáticos, alimentando-se do fitoplâncton; portanto, são consumidores primários que servem de alimento a organismos maiores.

Referências bibliograficas

HAMBLIN, W. K.; CHRISTENSEN, E. H. Earth's Dynamic Systems. 8. ed. New Jersey: Prentice Hall, 1998. 740 p.

MERRITS, D. J.; DE WET, A.; MENKING, K. *Environmental Geology*: An Earth System Science Aproach. New York: W.H. Freeman and Company, 1998. 452p.

SCHMIEGELOW, J. M. M. *Oceanografia*. Santos: Unisanta. Disponível em: <http://cursos.unisanta.br/oceanografia/index.htm>. Acesso em: 28 abr. 2006.

SEILBOLD, E.; BERGER, W. H. *The Sea Floor*: An Introduction to Marine Geology. 3 ed. Berlin: Springer-Verlag, 1996. 356 p.

SKINNER, B.J.; PORTER, S. S. *The Dynamic Earth*: An Introduction to Physical Geology. 3 ed. New York: John Wiley & Sons, Inc., 1995. 567p.

SUGUIO, K. *Dicionário de geologia marinha*. São Paulo: T.A Queiroz, 1992, 171 p.

TESSLER, M.G.; MAHIQUES, M. M. Processos oceânicos e produtos sedimentares. In: TEIXEIRA, W. et. al (Orgs). *Decifrando a Terra*. São Paulo: Companhia Editora Nacional, 2009. pp. 376-399.

THURMAN, H.V.; BURTON, E. A. *Introductory Oceanography*. 9 ed. New Jersey: Prentice Hall, 2001, 554 p.

_____; TRUJILLO, A. P. *Essentials of Oceanography*. 6 ed. New Jersey: Prentice Hall, 1999, 527 p.

WICANDER, R.; MONROE, J. S. *Fundamentos de Geologia*. Cengage-Leraning, 2006. 508 pg. Revisão, adaptação e redação final de M. A. Carneiro.

CAPÍTULO 7

Lagos
Valeria G. S. Rodrigues e Joel B. Sigolo

Principais conceitos

▶ Os lagos são resultantes de uma depressão produzida na superfície da terra, de forma natural ou artificial, os quais se encontram preenchidos por água confinada.

▶ As águas dos lagos encontram-se praticamente paradas e, portanto, esses meios físicos são conhecidos como ambientes lênticos.

▶ A recarga de um lago provém das chuvas, de nascentes, do derretimento de geleiras, do aporte de águas subterrâneas e das drenagens superficiais, podendo também ser realizada por todos esses fatores simultaneamente.

▶ A qualidade da água de um lago depende do clima regional e das bacias de contribuição, sendo normalmente doce, mas existem alguns lagos salgados importantes no mundo, como o Grande Lago Salgado do estado de Utah, EUA.

▶ As formas, as profundidades e as extensões dos lagos são muito variáveis e representam feições de duração relativamente efêmera quando comparada à escala de tempo geológico de dezenas a centenas de milhões de anos.

▶ Em geral não há distinção clara no emprego das denominações lago e lagoa. Embora não exista um limite entre lago e lagoa, comumente o termo lagoa refere-se a um lago de pequenas dimensões. Por outro lado, o termo laguna restringe-se a uma lagoa ou lago com comunicação restrita com o oceano.

▲ Lagos duplos no Pantanal do Mato Grosso do Sul. Parque Estadual do Rio Negro (PERN – MS).

Introdução

Neste capítulo são apresentadas a descrição e a importância deste sistema aquático denominado lago, localizado em ambientes continentais. Dos diversos tópicos apresentados, devem ser destacados os referentes à água subterrânea (**Capítulo 3**) e os sistemas fluviais (águas superficiais) (**Capítulo 4**). Essa importância está ligada à crescente dependência do ser humano para com a utilização de água doce, essencial não só ao seu consumo, mas também ao desenvolvimento de atividades industriais e agrícolas, além de ser importante aos ecossistemas e às atividades de lazer. Esses reservatórios, por diversos motivos, que vão desde a industrialização até o uso e ocupação desordenada do solo, encontram-se alterados química e biologicamente e, portanto, inadequados ao uso como fonte de água potável. Essas alterações resultam principalmente da utilização e da gestão impróprias dos recursos hídricos como, por exemplo, pelo lançamento indiscriminado de lixos domésticos e industriais, lançamento de esgoto sem tratamento, além do uso de fertilizantes e agrotóxicos que, como destino final, chegam a esse tipo de sistema aquático. Consequentemente, é extremamente importante o estudo detalhado desses corpos d'água, principalmente quanto à sua origem e dinâmica. Dessa forma, este capítulo tem por finalidade introduzir, como formação e informação na análise de um meio físico, os diversos processos que agem na dinâmica e na gênese de sistemas lacustres, além de exibir as principais modificações que podem surgir nesse meio.

A origem dos lagos

Na natureza existem diversos tipos de lagos, sendo estes classificados segundo diferentes critérios, como: gênese, qualidade da água, regimes hidrológicos e regimes climáticos (SUGUIO, 2003).

Desses diversos tipos, será dada maior ênfase para os de origem geológica (relacionados com a gênese), entre esses são destacados os seguintes: 1) lagos tectônicos; 2) lagos vulcânicos; 3) lagos glaciais; 4) lagos fluviais; 5) lagos eólicos; 6) lagos cársticos (ou de afundamento); 7) lagos deltaicos; 8) lagos reliquiares; e 9) lagos pluviais.

Os maiores e principais lagos conhecidos na área continental terrestre, em geral, são de origens glaciais, tectônicas e/ou vulcânicas. Os lagos de origem glacial são os mais numerosos do planeta, constituindo cerca de 90% do total de lagos conhecidos na Terra. Esses lagos ocupam parte de vales modelados pelas geleiras e são resultantes da fusão do gelo. Os lagos formados por fenômenos glaciais estão localizados principalmente no Canadá, nos Andes (Titicaca), Escandinávia e Rússia; esses cobrem cerca de 58% dos 2,5 milhões de quilômetros quadrados da superfície da Terra. Há ainda lagos importantes existentes abaixo das camadas de gelo que cobrem áreas continentais, seja no continente Antártico (lago Vostok) seja em outras áreas continentais.

Outro grande grupo de lagos encontra-se nas chamadas bacias de subsidência ou em fossas tectônicas. Esses foram originados a partir de fenômenos tectônicos, como no caso dos lagos Turkana, Kivu, Tanganica e Malawi, na África e o Baikal, na Sibéria.

O grupo de lagos de origem vulcânica ocupa crateras ou caldeiras de corpos vulcânicos extintos, sendo pouco numerosos e relativamente pequenos quando comparados com os de origem glacial e tectônica.

Além dos tipos acima mencionados, uma parte importante de lagos é originada pelo represamento de grandes volumes de água produzidos pela ação do homem com diferentes propósitos, como irrigação, produção de energia elétrica, abastecimento doméstico e uso agrícola ou industrial. Esse tipo de lago acaba sendo denominado lago artificial, pois possui origem antrópica.

No Brasil, a existência de lagos naturais recentes é bastante restrita (existem lagos antigos, com mais de 30 milhões de anos, exibindo grandes proporções como a bacia sedimentar do Vale do Paraíba formada a partir de um antigo lago – Formação Taubaté), esse aspecto se relaciona à inexistência de fenômenos geotectônicos e climáticos capazes de propiciar sua formação. Segundo Suguio (2003), o tipo de lago mais frequente na América do Sul, e especialmente no Brasil, é o do tipo fluvial. Esses lagos foram originados em sua grande totalidade por meandros abandonados situados nas planícies de inundação dos rios Amazonas (em alguns de seus tributários, como o Tapajós e Negro), Paraná, Paraguai e inúmeros outros.

Alguns exemplos de lagos naturais no Brasil encontram-se na região do Pantanal e nas áreas de planície de inundação existentes na Amazônia. Outra parcela, menos expressiva que as anteriores são relativas aos lagos existentes nas porções litorâneas (Lagoa dos Patos, no Rio Grande do Sul; Região dos Lagos, no Rio de Janeiro; lagos interdunas no Nordeste brasileiro e na região dos Lençóis Maranhenses).

Principais tipos de lagos – origem geológica

Lagos tectônicos

Esses lagos são formados a partir de movimentos tectônicos atuantes no interior da crosta terrestre, capazes de causar descontinuidades verticais, representadas por falhas e fraturas. Essas descontinuidades originam porções de relevo mais elevadas de um lado e mais rebaixadas de outro, resultando na aparição de um ou mais lagos, a partir do preenchimento por água da porção que sofreu rebaixamento (**Figura 7.1**). Nesses lagos, frequentemente, a margem é quase retilínea e a estrutura bastante simples, sendo que podem exibir grandes extensões e elevadas profundidades.

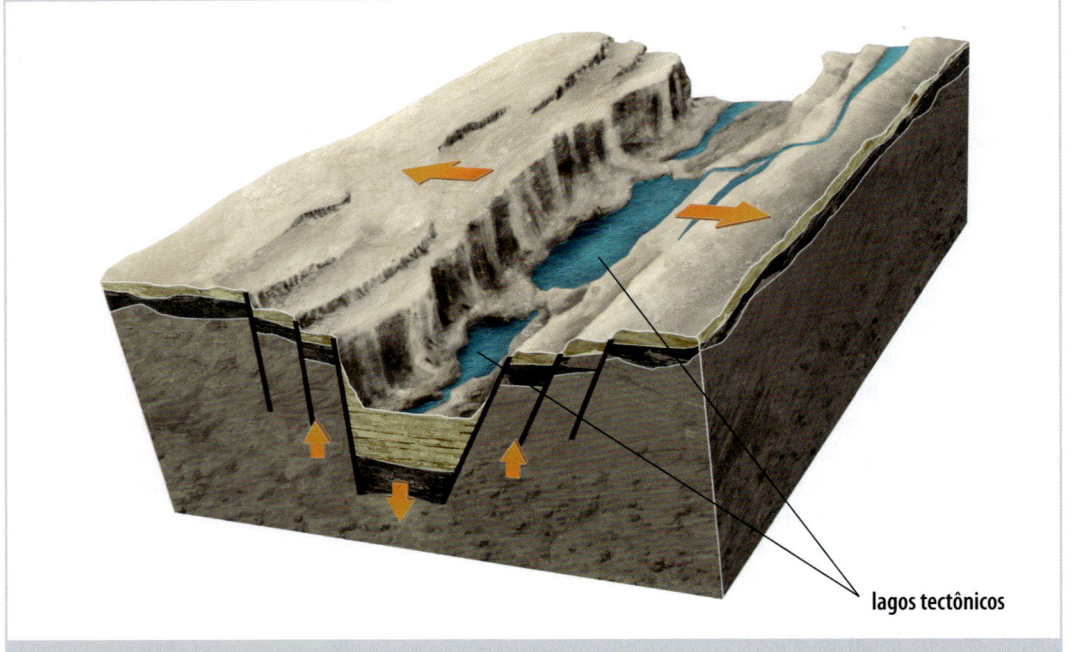

▲ **Figura 7.1** – Modelo esquemático de lagos tectônicos. Fonte: modificado de Esteves (1989).

Conforme demonstram alguns pesquisadores especialistas nesse estudo, os lagos tectônicos foram gerados principalmente a cerca de 12 milhões de anos, sendo considerados os mais antigos do globo. Eles estão localizados nas chamadas fossas tectônicas (*graben*, em alemão ou *rift valley*, do inglês) Os exemplos mais representativos são: Mar Cáspio, Tahoe, Rift Africano, Tanganyika, Victória (**Figura 7.2**) e Baikal (**Figura 7.3**) (**Quadro 7.1**).

▲ **Figura 7.2** – Lago Victória, situado em Uganda, na África.

Quadro 7.1 – Lago Baikal

O Lago Baikal é um dos mais antigos do mundo e tem sua origem a partir de falhas tectônicas. Ele está localizado no sul da Sibéria-Rússia, entre Oblast e Irkutsk, no Noroeste, e Buryatia, no Sudeste. Apresenta 636 km de comprimento e 80 km de largura e em alguns pontos desse lago a profundidade ultrapassa os 1 600 m e exibe uma superfície de 31 500 km². É considerado o lago mais profundo da Terra e contém cerca de 20% da água doce conhecida no planeta. Este lago é tão grande que, se ele estivesse vazio e todos os rios na Terra depositassem as suas águas no seu interior, levaria pelo menos um ano para enchê-lo.

Deságuam nele cerca de 300 rios. É o hábitat de 1 085 espécies de plantas e de 1 550 espécies e variedades de animais.

▲ **Figura 7.3** – Lago Baikal.

Lagos de origem vulcânica

A maioria dos lagos vulcânicos é formada principalmente a partir do cone de dejeção do vulcão, originando, dessa forma, três tipos distintos de lagos: 1) lagos de caldeira, 2) lagos de cratera e 3) lagos do tipo Maar.

Os lagos de caldeiras (**Figura 7.4**) são formados quando a erupção vulcânica é muito intensa, provocando a destruição do cone central do aparelho vulcânico (corpo do vulcão). Nesse caso, resta apenas uma depressão central denominada caldeira. A **Figura 7.4** retrata o Lago Taal, lago de caldeira localizado nas Filipinas (exemplo clássico desse tipo de lago).

Os lagos de cratera (**Figura 7.5**) são originados no interior de cones de vulcões extintos apresentando pequena extensão, grande profundidade e, em geral, formas circulares. A **Figura 7.5** exibe o Lago Maly Semiachik, localizado na Rússia.

Os lagos do tipo Maar (**Figura 7.6**) são gerados a partir de explosões gasosas subterrâneas, seguidas de afundamento da região atingida sem a existência de derrames de lavas. A morfologia desse tipo é circular e apresenta grande profundidade em relação à sua área. Um exemplo desse tipo de lago é o Nyos (**Figura 7.6** e **Quadro 7.2**), formado no interior de um "Maar", situado no noroeste dos Camarões.

▲ **Figura 7.4** – Lago vulcânico do tipo caldeira: Lago Taal (Filipinas).

▲ **Figura 7.5** – Lago vulcânico do tipo cratera: Lago Maly Semiachik (Rússia).

▲ **Figura 7.6** – Lago vulcânico do tipo Maar: Lago Nyos (Camarões).

Quadro 7.2 – Lago Nyos (Figura 7.6)

O Lago Nyos é um lago vulcânico formado no interior de um "Maar", situado no noroeste dos Camarões. Ele é profundo e situa-se a média altitude no flanco do Monte Oku, vulcão inativo pertencente à Linha Vulcânica dos Camarões. Uma barragem natural, formada por rocha vulcânica, mantém o lago. A desgaseificação dos materiais vulcânicos subjacentes faz com que as águas do lago sejam extremamente ricas em dióxido e monóxido de carbono, o qual, quando liberado subitamente para a atmosfera, pode causar asfixia dos habitantes das áreas vizinhas. Esse fenômeno já ocorreu nesse mesmo lago em 1986, causando mais de 1 800 mortos.

Lagos glaciais

Os lagos glaciais são os mais numerosos e sua origem, em grande parte, está vinculada à última glaciação pleistocênica, há aproximadamente 10 500 anos. Esse tipo de lago é encontrado com bastante frequência nas regiões de alta latitude (regiões temperadas).

De acordo com Esteves (1988), os tipos de lagos glaciais mais frequentes são: 1) lago em circo; 2) lagos em vales barrados por morenas; 3) lagos de fiordes; e 4) lagos em terrenos de sedimentação glacial.

Os lagos em circo são resultantes da ação de congelamento e descongelamento da água. Os lagos desse tipo, de maneira geral, são pequenos e relativamente profundos, encontrados com frequência em regiões montanhosas. A forma deste tipo de lago é circular ou em anfiteatro.

Os lagos em vales barrados por morenas (**Figura 7.7**) são formados a partir da obstrução dos vales pelas morenas (sedimentos transportados por geleiras, normalmente blocos de diversos materiais rochosos – ver **Capítulo 5**), ocasionando o aprisionamento da água resultante do derretimento das geleiras.

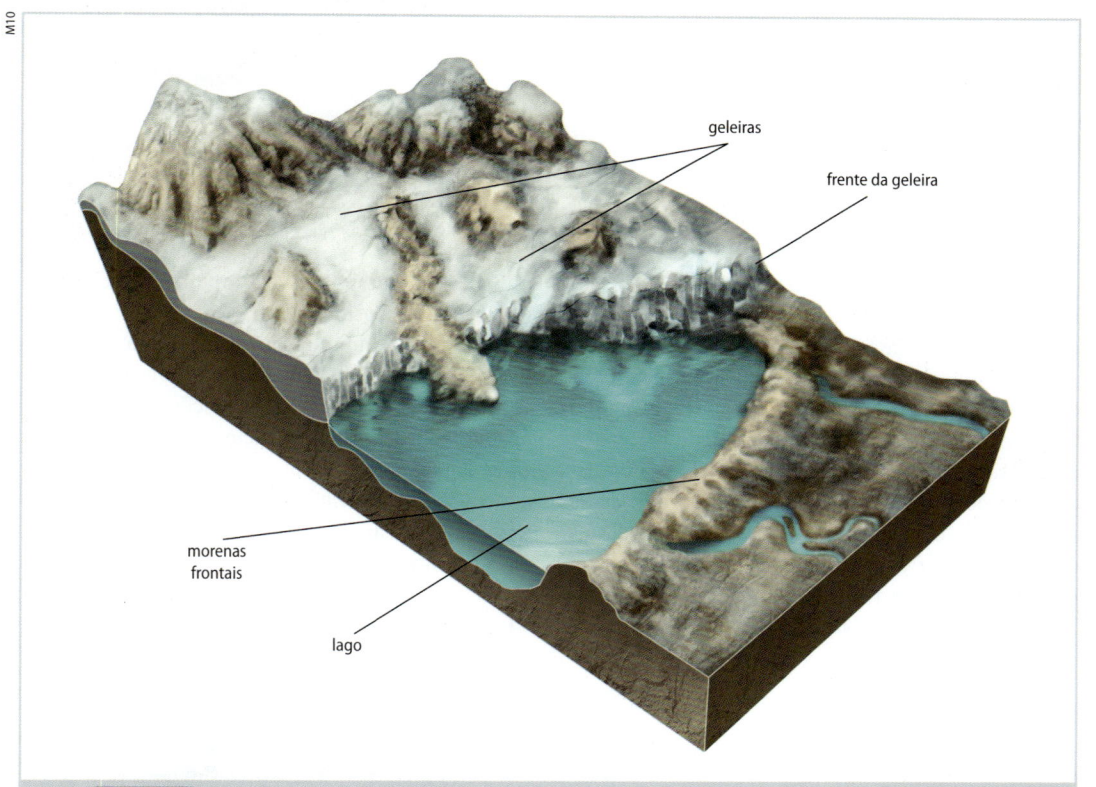

▲ **Figura 7.7** – Figura esquemática de lagos glaciais formados em vales barrados por morenas. Fonte: modificado de Rocha-Campos e Santos (2009).

Os lagos de fiordes são resultantes da escavação de vales nas escarpas das montanhas pela ação da erosão glacial. Esses apresentam formas alongadas, estreitas e profundas. Os melhores exemplos são encontrados na Groenlândia e na Noruega.

Lagos em terrenos de sedimentação glacial: as irregularidades em terrenos formados por morenas geram grandes quantidades de lagos. Recebendo o nome genérico de "lagos de caldeirão", esses podem ter diferentes origens: depressões existentes em locais de antigas geleiras continentais preenchidas com água e/ou blocos de gelo desprendidos de geleiras e, posteriormente, transportados de maneira a servirem de ponto de apoio para o acúmulo de sedimentos que, em alguns casos, acabam aterrando o mesmo (**Quadro 7.3**).

Quadro 7.3 – Lago Vostok

O Lago Vostok é uma massa de água subglacial localizada no continente antártico, sobre o qual se encontra uma das estações da antiga Rússia na Antártida. Esse lago é coberto por quase quatro quilômetros de gelo (**Figura 7.8**). Por esse motivo, permaneceu desconhecido durante muito tempo e permanece como uma das últimas regiões por explorar no planeta Terra. Em 1996 foi delimitada a sua verdadeira extensão. O Lago Vostok possui forma elíptica com 250 km de comprimento e 40 km de largura, cobrindo uma área de 14 000 km². O seu fundo é irregular e divide-se em duas bacias, a mais profunda com cerca de 800 m e a outra, com 200 m. Calcula-se que o lago contenha um volume de 5 400 km³ de água doce. Ele não possui contato direto com a atmosfera. Segundo alguns cientistas, esse lago era um lago normal, coberto posteriormente por gelo à medida que se desenvolveram as calotas polares da Antártida.

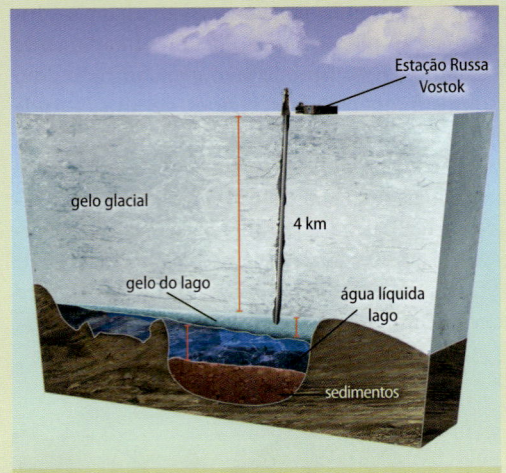

▲ **Figura 7.8** – Figura esquemática do Lago Vostok. Fonte: modificado de Hamblin e Christensen (1998).

Lagos fluviais

Os lagos fluviais podem ser classificados em três tipos: 1) lagos de barragem; 2) lagos de inundação; e 3) lagos de ferraduras ou de meandros.

Os lagos de barragem são formados quando, em uma bacia hidrográfica, o rio principal transporta grande quantidade de sedimento que é depositado ao longo do seu leito. Essa deposição provoca uma elevação do nível do leito desse rio, causando eventualmente represamento nas confluências de seus afluentes, que assim represados acabam se transformando em lagos. Os afluentes geralmente são pobres em sedimentos aluvionares e assim não acompanham a elevação do leito do rio principal.

Os lagos de inundação são formados em ambientes de baixa declividade, com pouca oscilação vertical do relevo. Essas condições topográficas acabam por imprimir características peculiares a esses lagos, cuja variação de seu nível d'água encontra-se ditada pela maior ou menor precipitação das chuvas locais. O melhor exemplo desse tipo de lago no Brasil é encontrado no Leque do Rio Taquari, na região da Nhecolândia, no Pantanal do Mato Grosso do Sul (**Figura 7.9**).

▲ **Figura 7.9** – Lagos fluviais de inundação. Parque Estadual do Rio Negro, MS.

Os lagos de ferradura ou de meandros (**Figura 7.10**) são formados por rios localizados em regiões de planícies e atingiram o ponto limite abaixo do qual a erosão das águas correntes não é mais efetiva. Em algumas circunstâncias, encontram-se na mesma altitude que o nível do mar (nível de base) (ver **Capítulos 4** e **5**). Nessas condições, esses rios apresentam curso sinuoso, e essa sinuosidade recebe o nome de meandro. Pode ocorrer grande número de lagos ao longo desse tipo de rio sinuoso (meandrante). Esses lagos são formados por causa do isolamento de meandros (**Figura 7.10**). Os lagos assim formados recebem o nome de lago de ferradura ou de meandro, e os exemplos mais marcantes desse tipo de lago são encontrados principalmente na Região Norte do Brasil, em boa parte do Pantanal do Mato Grosso do Sul (MS) (**Figura 7.10**) e no Vale do Paraíba (SP).

▲ **Figura 7.10** – Lagos fluviais de meandros. Imagem do Pantanal (MS).

Lagos eólicos

A deposição de sedimento (areia) em alguns trechos do rio, pela ação do vento, pode originar lagos. Esse fenômeno ocorre com frequência no Nordeste brasileiro (**Figura 7.11**).

O exemplo mais representativo no Brasil é encontrado no estado do Maranhão, na região dos Lençóis Maranhenses. Os ventos alísios, NE, típicos do Nordeste, promovem o deslocamento das areias que formam as dunas, as quais, ao se acomodarem em um novo local, podem represar pequenos córregos, transformando-os em lagos (**Figura 7.12**).

▲ **Figura 7.11** – Lago formado pela atividade eólica. Dunas em Flexeiras, Ceará.

▲ **Figura 7.12** – Lago formado pela atividade eólica. Lençóis Maranhenses.

Lagos cársticos ou de afundamento

Relevo cárstico ou sistema cárstico é um tipo de relevo caracterizado pela dissolução química das rochas cuja composição é predominantemente de minerais carbonatados (de fácil dissolução) (ver **Capítulo 3**), levando ao aparecimento de uma série de feições, como cavernas, dolinas, entre outras. O relevo cárstico ocorre predominantemente em terrenos constituídos de rocha calcária, mas também pode ocorrer em outros tipos de rochas carbonáticas, como o mármore e as rochas dolomíticas.

Nesse tipo de formação, parte da água pode encontrar-se estacionada em depressão fechada, conhecida como dolina (ver **Capítulo 3**), o que resulta na formação de um lago cárstico (**Figura 7.13**).

As dolinas variam muito de tamanho, de pouco mais de um metro de diâmetro e com pequena profundidade a grandes crateras com centenas de metros de diâmetro e grandes profundidades; dessa forma, esses tipos de lagos podem apresentar dimensões variadas de acordo com a configuração morfológica da dolina que o contém.

▲ **Figura 7.13** – Lago cárstico. Dolina com água em seu interior.

Lagos deltaicos

Esse lago é formado ao longo da margem ou no interior dos deltas, como, por exemplo, pela construção de barras arenosas pelos embaiamentos ou pelo aprisionamento (barragem) de parte do mar pelas sedimentações deltaica.

Lagos reliquiares

Esses lagos são formado em áreas submetidas a transgressões marinhas, seguidas por regressões marinhas, em zonas costeiras. Os lagos reliquiares são encontrados nas planícies costeiras das desembocaduras dos rios Doce (ES) e Paraíba do Sul (RJ), representados respectivamente pelas lagoas Bonita e Feia.

Lagos pluviais

Os lagos pluviais estão inseridos na bacia interior de regiões secas e foram originados durante os períodos glaciais, quando a pluviosidade era muito maior que a atual, para uma mesma região. Um exemplo de lago pluvial é o Lago Bonneville, que se estende por parte dos estados de Utah, Nevada oriental e sul de Idaho, nos Estados Unidos.

Lagos antropogênicos: represas, reservatórios e açudes

Os lagos artificiais brasileiros (**Figura 7.14**), formados pelo represamento de rios, recebem diferentes denominações, como represas, reservatórios e açudes, representando nesse caso nada mais que sinônimos, uma vez que esses ambientes têm a mesma origem e finalidade. No Brasil, foram construídas inúmeras barragens, cujo objetivo principal é a geração de energia elétrica. A construção dessas barragens resultou na formação de um grande número de lagos artificiais.

▲ **Figura 7.14** – Represa de Guarapiranga.

Os açudes e as represas são de elevada importância socioeconômica na Região Nordeste e no entorno de grandes centros urbanos como a cidade de São Paulo. Através de sua construção é possível o armazenamento de água para fornecimento à população humana e para diversos tipos de atividades agropastoris na zona rural.

A construção de barragens, com consequente formação de grandes lagos artificiais produz diferentes alterações não apenas no ambiente aquático, mas também no ambiente terrestre circunscrito ao lago formado.

Compartimentos de um lago

De modo simplificado, os principais compartimentos de um sistema lacustre são: coluna d'água e sedimento.

Coluna d'água

As águas dos lagos contêm diversos elementos e compostos químicos como: cálcio, magnésio, sódio, potássio, ferro, manganês, cloreto, sulfato, carbonato e bicarbonato. Esses apresentam-se na forma de solutos, ou seja, na forma dissolvida. A concentração de cada um desses elementos varia de um lago para outro, em função da composição das rochas existentes na bacia de drenagem (contexto litológico) que alimenta e estabelece a recarga da bacia de acumulação, além do regime de chuvas no local de existência do lago. Além do contexto litológico e das chuvas, a composição das águas também é um reflexo da atividade humana realizada tanto no interior como no entorno do ambiente aquático. Entre os componentes da água, o oxigênio, o nitrato e o fósforo são importantes na dinâmica e no metabolismo da vida contida no lago, como será descrito a seguir.

Oxigênio dissolvido: entre os gases dissolvidos na água, o oxigênio representa o elemento básico na dinâmica e na caracterização de ecossistemas aquáticos. As principais fontes de oxigênio para a água são: atmosfera e fotossíntese. A difusão de oxigênio dentro de um lago ocorre, principalmente, pelo seu transporte na massa d'água.

Nitrogênio: o nitrogênio é o elemento fundamental na participação do metabolismo de ecossistemas aquáticos. As principais fontes naturais de nitrogênio são: chuvas, materiais orgânicos e inorgânicos, fixação de nitrogênio molecular dentro do próprio lago.

Fósforo: na maioria dos lagos, o fósforo é o principal fator limitante da produtividade de vida desse tipo de ambiente aquático. Esse elemento tem sido apontado como o principal responsável pela eutrofização artificial ou não de lagos (**Quadro 7.4** e **Figura 7.15**).

Quadro 7.4 – Eutrofização

A eutrofização pode ser definida como o aumento da quantidade de nutrientes e/ou matéria orgânica no ambiente aquático, resultando em maior produtividade primária. Esse fenômeno altera o equilíbrio desse ambiente, deteriorando a qualidade da água, o que limita sua utilização para diversos fins. A eutrofização pode ser natural ou resultado da atividade humana.

Quando a origem é natural, o sistema aquático torna-se eutrófico muito lentamente e o equilíbrio é mantido. Geralmente a água mantém-se com boa qualidade para o consumo humano e a comunidade biológica continua a ser saudável e diversificada.

Por outro lado, quando a eutrofização é resultado do lançamento de diversos resíduos produzidos pelas atividades humanas, como despejo direto de esgoto e fluidos de origem industrial, os ciclos biológicos e químicos são interrompidos e, muitas vezes, o sistema progride para um estado em que as condições naturais do ambiente lacustre são deterioradas. A eutrofização induzida pelo homem desenvolve-se rapidamente por causa das fontes de nutrientes geradas pelas atividades humanas. Todas essas fontes provocam a libertação de grandes quantidades de nutrientes que ficam disponíveis para o crescimento de fitoplânctons (conjunto de algas microscópicas com pouco ou nenhum poder de locomoção, deslocando-se segundo o movimento da água, que inclui as algas verdes e as cianobactérias) no interior dos sistemas aquáticos.

À medida que a produtividade do fitoplâncton aumenta, a transparência da água decai, o que provoca uma diminuição na penetração da luz, afetando a comunidade de macrófitas (formas macroscópicas de vegetação aquática) submersas que vivem na zona litoral do lago. Finalmente, pode também ocorrer grande acumulação de toxinas (produzidas pelas cianobactérias) e de parasitas, o que pode produzir fortes impactos à saúde pública.

▲ **Figura 7.15** – Lago eutrofizado nas porções costeiras de coloração verde azulada.

Jeff Schmaltz, MODIS Rapid Response Team, NASA/GSFC

Sedimento

Os sedimentos, embora encontrem ampla definição e descrição, podem ser definidos de modo resumido como: material sólido de origem orgânica e/ou inorgânica, suspenso (sedimentos em suspensão) ou depositado (sedimentos de fundo). De forma geral, o sedimento é considerado como uma mistura complexa de fases sólidas que incluem: argila, sílica, matéria orgânica, óxidos metálicos, carbonatos, sulfetos, minerais e uma ampla população de organismos vivos, principalmente algas e bactérias.

As partículas que compõem os sedimentos detríticos são comumente grãos de quartzo, feldspato, argilas do tipo illita, montmorilonita, caolinita e minerais pesados ou resistentes à degradação, como turmalina, zircônio, rutilo e ilmenita. O quartzo, usualmente, é o mineral dominante nos sedimentos clásticos ou detríticos (**Quadro 7.5**).

O compartimento biogênico pode conter material oriundo dos esqueletos calcários de diversos organismos ou silicosos, matéria orgânica finamente dispersa e populações de microrganismos.

Quadro 7.5 – Lagos clásticos e lagos químicos

No âmbito da deposição lacustre, a classificação mais usada é a que se baseia na distinção de dois grupos principais de depósitos lacustres: lagos clásticos e lagos químicos.

Lagos clásticos: a sequência vertical típica de depósitos lacustres clásticos constitui-se de empilhamento de sedimentos fornecidos por um ou mais rios que deságuam no lago. Esse modelo é encontrado em regiões montanhosas com alta precipitação pluviométrica e erosão acelerada, onde as areias fluviodeltaicas marginais progradam, recobrindo os sedimentos finos depositados a partir da carga em suspensão. As camadas intermediárias dessa sedimentação caracterizam-se pela sua natureza fluvial, e as basais por uma constituição de sedimentos tipicamente lacustre.

Além desse modelo apresentado para lagos clásticos, existem ainda mais três subtipos de ambientes lacustres. O primeiro é encontrado sobre terrenos planos em climas úmidos (temperados a quentes), onde o fornecimento de sedimento provindo das áreas continentais de granulometria fina é pequeno, podendo ocorrer sedimentação carbonática longe da desembocadura fluvial, tanto nas margens como no centro do lago. O segundo subtipo é representado por sapropelitos no centro e anel de sedimentos carbonáticos de origem algálica e de moluscos. O terceiro subtipo é representado por pântanos marginais que progradam centriptamente para recobrir lamas orgânicas depositadas na porção central dos lagos.

Lagos químicos: em geral, eles são compostos por lamito vermelho-acastanhado, contendo quantidades variáveis de argila, silte e carbonatos disseminados. Ocorrem em regiões desérticas e são efêmeros. Os lagos químicos ocupam áreas hidrograficamente mais baixas e são circundados por um conjunto de subambientes deposicionais, que dependem principalmente das características do influxo.

No Brasil, entre os depósitos lacustres mais conhecidos, embora não atuais, podem ser citados a Formação Tremembé, do Terciário da Bacia de Taubaté (SP) e a Formação Salvador do Cretáceo da Bacia do Recôncavo (BA).

Regiões de um lago

Os sistemas lacustres também são delimitados em regiões ou zonas, denominadas: litorânea ou zona litoral (região de influência do ambiente terrestre), pelágica ou zona limnética (água aberta), profunda e bentônica (parte mais profunda do lago) (**Figura 7.16**).

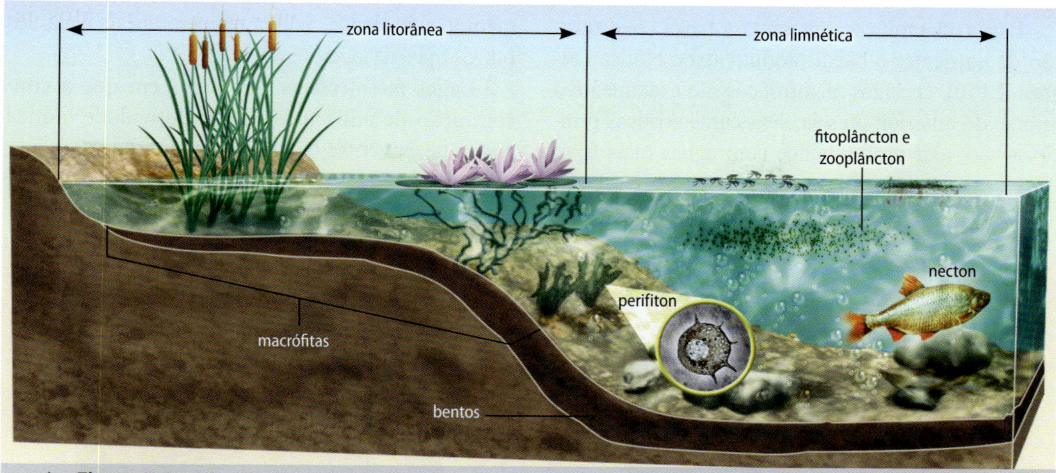

▲ **Figura 7.16** – Principais regiões ou zonas de um lago (litorânea, pelágica e profunda). Fonte: modificado de Cabrera (1996).

Região litorânea

A região ou zona litorânea corresponde ao compartimento do lago que está em contato direto com o ecossistema terrestre adjacente (**Figura 7.16**). Trata-se de região de baixa profundidade e é caracterizada por possuir margem rasa e em transição entre o ecossistema terrestre e o lacustre, o que resulta em grande número de nichos ecológicos e cadeias alimentares. Essa região apresenta todos os níveis tróficos de um ecossistema: produtores primários, consumidores e decompositores, sendo delimitada como uma região autônoma dentro do ecossistema aquático.

Em alguns lagos, folhas provenientes das circunvizinhanças podem desempenhar importante papel na formação de detritos na região litorânea.

Em muitos sistemas lacustres, a região litorânea é pouco desenvolvida ou até mesmo ausente, como é o caso da maioria dos lagos de origem vulcânica e nas represas.

Região limnética ou pelágica

A região ou zona limnética é encontrada em quase todos os sistemas lacustres, ao contrário do que ocorre com a região litorânea. Nessa região existem dois grupos: plânctons e néctons (**Figura 7.16**). Os plânctons são constituídos por bactérias, algas (fitoplânctons) e invertebrados (zooplânctons), enquanto os néctons são representados por peixes.

Região profunda

A região ou zona profunda de um lago é caracterizada pela ausência de organismos fotoautróficos, em decorrência da não penetração de luz e por ser uma região totalmente dependente da produção de matéria orgânica proveniente da região litorânea e limnética. A comunidade de organismos vivos presentes nessa região é a bentônica (também conhecida como bentos), formada principalmente por invertebrados aquáticos. A densidade populacional dos organismos bentônicos e sua diversidade dependem principalmente da quantidade de alimento disponível e da concentração de oxigênio nessa região.

Região bentônica

Essa região corresponde à superfície coberta pelo sedimento de fundo que compõe um lago (**Figura 7.16**).

Classificação dos lagos segundo sua produtividade

Com relação à produtividade podemos ter três tipos de lagos: 1) lagos eutróficos; 2) lagos oligotróficos; e 3) lagos mesotróficos. Esses tipos de lagos também podem ser caracterizados por suas feições morfológicas e pela biota dominante neste sistema.

Lagos eutróficos: são caracterizados pela elevada concentração de nutrientes (principalmente fósforo e nitrogênio) e alta produtividade biótica. Os lagos eutróficos exibem como características principais: baixa profundidade e águas relativamente mais quentes que os outros tipos de lagos (**Figura 7.17a**).

Lagos oligotróficos: apresentam baixa concentração de nutrientes e baixa produtividade biótica (**Figura 7.17b**). Os lagos oligotróficos são exatamente o inverso do anterior, ou seja, suas características principais são: alta profundidade com águas mais frias, quando comparadas com a temperatura da água dos outros tipos de lagos.

Lagos mesotróficos: são lagos em que a concentração de nutrientes e a produtividade biótica permanecem entre o eutrófico e o oligotrófico.

▲ **Figura 7.17** – Comparação entre lagos eutróficos (a) e oligotróficos (b). Fonte: modificado de Esteves (1989).

Uso e importância dos lagos

A qualidade da água de um lago, seja ele natural ou artificial, está relacionada ao uso desejável a ser dado a esse reservatório. Assim, por exemplo, aquele usado para atividade de piscicultura deve ser rico em nutrientes que permitam abundante desenvolvimento do plâncton, pois este constitui o alimento básico natural para a nutrição de peixes. Esse emprego do reservatório pode ser perfeitamente conciliado com a navegação ou prática de esportes náuticos e também com a produção de energia hidrelétrica, mas pode apresentar sérios inconvenientes ao uso da água para abastecimento e consumo humano. As águas destinadas ao abastecimento (água potável) devem ser, tanto quanto possível, isentas de matéria orgânica sujeita à decomposição e também pobres em plâncton, uma vez que este pode causar dificuldades de tratamento ou interferir diretamente na qualidade da água, por produzir sabor, odor e até mesmo substâncias tóxicas ou causadoras de distúrbios gastrointestinais (**Quadro 7.6**).

Quadro 7.6 – Substâncias tóxicas em lagos

As substâncias tóxicas encontradas em ambientes lacustres são geralmente oriundas de atividade humana (de caráter antrópico) e podem atingir os ecossistemas e organismos aquáticos, gerando impactos para a saúde (em alguns casos, variedades específicas de algas podem desenvolver e liberar no meio aquoso toxinas que podem comprometer a potabilidade da água e causar distúrbios gastrointestinais no ser humano).

Essas substâncias permanecem retidas por mais tempo nas águas e sedimentos de lagos e reservatórios, do que na água corrente dos córregos e rios. Em decorrência desse fato, nos lagos e reservatórios o risco à exposição em termos de concentração e duração de espécies tóxicas é maior, quer para a biota aquática, quer para o homem que utiliza essa água para beber ou para produção de alimentos (por irrigação).

Por outro lado, o gerenciamento das substâncias tóxicas nos ecossistemas aquáticos é muito difícil e complexo. Esse deve ser feito a partir de análises químicas e físicas nos sedimentos (sedimentos de fundo e em suspensão) e na água. Além de estudos detalhados de toxicidade nos organismos existentes no lago.

Os principais elementos tóxicos carreados para os lagos e reservatórios são pesticidas e fertilizantes agrícolas; metais tóxicos; substâncias orgânicas tóxicas; óleos e derivados; além de despejo de esgoto.

Metais tóxicos

Os metais tóxicos são componentes traços naturais de rochas e solos (também conhecidos como metais pesados ou elementos traços). Esses metais também são encontrados em águas superficiais não impactadas, em decorrência da sua presença nos solos e/ou rochas presentes nas proximidades ou na bacia de tal ambiente.

Determinados metais, quando em pequenas concentrações, são considerados essenciais para a sobrevivência dos organismos vivos. Esses metais, quando sofrem enriquecimento, principalmente, através de atividades humanas diversas, podem criar nesse ambiente, condições de toxicidade para diversos organismos presentes.

Entre os sistemas aquáticos continentais, os lagos são considerados reservatórios potenciais de metais tóxicos por representarem bacia de sedimentação, exibindo características específicas de ambientes deposicionais, podendo, em determinadas áreas, atingir níveis de contaminação bastante elevados. As principais fontes de metais tóxicos nos lagos são: intemperismo de rochas ou erosão de solos ricos nestes metais e/ou atividade antrópica. (GUIMARÃES, 2001)

Os metais de origem antrópica são provenientes de esgotos domésticos, efluentes industriais, resíduos sólidos acondicionados de maneira inadequada e emissões de poluentes atmosféricos que, uma vez descarregados em águas superficiais, são associados ao material particulado (sedimento em suspensão) ou transportados nas formas dissolvidas e finalmente depositados no lago.

Dentro dos ecossistemas lacustres, a distribuição dos metais tóxicos provenientes de um meio natural ou antrópico é muito diferenciada nos diversos compartimentos, refletindo assim a interação direta entre sedimentos e a hidrodinâmica da coluna de águas. O sedimento é o compartimento mais importante na retenção desses metais nos sistemas aquáticos, refletindo a qualidade da água e registrando os efeitos das emissões antrópicas.

Revisão de conceitos

1. Qual a definição de lagos?
2. Considerando a área e o volume, qual o maior lago conhecido?
3. Quais são os tipos de lagos existentes, segundo sua origem geológica? Explique a formação de cada um resumidamente.
4. Que tipo genético de lago exibe maior profundidade e qual tipo genético é mais frequente?
5. Quais os compartimentos e regiões de um lago?
6. Definir sedimentos e explicar qual sua importância em estudos de detecção de metais tóxicos em ambientes lacustres.
7. O que são lagos oligotróficos, eutróficos e mesotróficos? Qual a diferença entre oligotróficos e eutróficos?
8. O que é eutrofização de um lago?

GLOSSÁRIO

Caldeira: Cratera, em geral de grandes dimensões, formada pelo colapso ou pela subsidência da parte central de um edifício vulcânico.

Bacia de subsidência: afundamento de uma região da crosta terrestre em relação às áreas vizinhas.

Escala de tempo geológico: Corresponde ao registro geológico. Organiza a evolução geológica no tempo em uma sequência de eventos.

Fitoplâncton: Nome dado ao conjunto de organismos aquáticos microscópicos que tem capacidade fotossintética e vive disperso, flutuando na coluna de água. Fazem parte deste grupo de organismos diversos tipos de algas, as algas azuis ou cianobactérias, vários ramos dos protistas, incluindo as diatomáceas etc. O fitoplacton se encontra na base da cadeia alimentar dos ecossistemas aquáticos e servem de alimento a organismos maiores. Tradicionalmente, divide-se a comunidade planctônica em fitoplancton (plancton vegetal) e zooplancton (plancton animal).

Fossas tectônicas: Estrutura constituída por um bloco da crosta terrestre afundado por falhamento.

Lamito: Rocha sedimentar formada pela litificação de silte e argila em proporções variáveis. Geralmente não apresenta estratificação.

Limnologia: É a ciência que estuda as condições físicas, químicas e biológicas de ambientes de água doce, bem como a relação dos fluxos de matéria e energia e suas interações com a comunidade biótica.

Litologia: É o estudo da origem e da natureza das rochas.

Litológico: O que diz respeito à litologia. Ver litologia.

Morenas: Depósito em forma de lombadas ou de forma irregular, transportado e sedimentado pelo gelo, associado ou com geleira do tipo alpino ou com geleira do tipo continental. O material constituinte das morenas é de natureza conglomerática ou tilítica e compreende diferentes tipos de rocha como fragmentos associados a poeiras de rocha.

Neotectônica: É o estudo de eventos tectônicos jovens que ocorreram desde o Terciário Superior ou ainda ocorrem associados às últimas orogêneses, epirogêneses ou a tensões crustais diversas. Os estudos da neotectônica são de fundamental importância para a análise e interpretação da geomorfologia atual e evolução paleogeográfica mais recente.

Nichos: Inclui não apenas o espaço físico ocupado por um organismo, mas também seu papel funcional na comunidade (como, por exemplo, sua posição na cadeia trófica) e em sua posição nos gradientes ambientais de temperatura, umidade, pH, solo e outras condições de existência.

Planície de inundação: Parte do vale de um rio que se cobre de água durante suas inundações. Essas áreas são geralmente planas.

Progradam: Processo em que o nível de um rio ou do mar avança sobre uma superfície topográfica do relevo. Assemelha-se a uma cheia ou enchente a qual não recua e permanece na superfície invadida pela água.

Sapropel: Sedimento depositado em lago, estuário ou mar, consistindo principalmente em restos orgânicos derivados de plantas ou animais aquáticos. Forma-se pela ausência de decomposição intensa e por destilação a seco de matéria graxosa, sob pressão e temperatura elevadas.

Sapropelitos: Por diagênese o Sapropel passa a sapropelito. Veja sapropel.

Sedimentos aluvionares: Reporta-se a material transportado por rios e depositados em seu curso. Consta de restos de fragmentos finos de rocha como cascalho, areia e argilas provindas dos processos de alteração intempérica de diversas rochas.

Zooplâncton: Corresponde à fração do plâncton constituída por seres que se alimentam por ingestão de matéria orgânica. Compreende um conjunto dos organismos aquáticos que não tem capacidade fotossintética e vive disperso na coluna superficial da água, apresentando pouca capacidade de locomoção, constantemente arrastado pelas correntes oceânicas ou pelas águas de um rio. Representa o segundo elo da cadeia alimentar dos ecossistemas aquáticos, alimentando-se do fitoplâncton, portanto, são consumidores primários, servindo de alimento a organismos maiores.

Referências bibliográficas

CABRERA, L. *Sistemas lacustres*: características generales; factores de control; dispositivos deposicionales. Barcelona. Guion de Exposición. Instituto de Geociencias. Departament de Geologia Dinámica, 1996.

ESTEVES, F. A. *Fundamentos de Liminologia*. Rio de Janeiro: Finep, 1988. p. 60-89.

GUIMARÃES, V. *Distribuição de metais provenientes dos resíduos de lodo de esgoto em ambiente lacustre*. Dissertação de Mestrado, Instituto de Geociências, Universidade de São Paulo, 2001. 111p.

HAMBLIN, W. K. *The Earth's Dynamic Systems:* A Textbook in Physical Geology. 5 ed. p. 295-300, 1989.

_____; CHRISTENSEN, E. H. *Earth's Dynamic Systems*. 8. ed. New Jersey: Prentice Hall, 1998. 740 p.

LERMAN, A.; IMBODEN, D. M.; GAT, J. R. *Physics and Chemistry of Lakes*. 2 ed. New York, Springer, 1995. 334p.

ROCHA CAMPO, A. C.; SANTOS, P. R. Gelo sobre a Terra. Processos e produtos. In: TEIXEIRA, W. et. al (Orgs). *Decifrando a Terra*. São Paulo: Companhia Editora Nacional, 2006. pp. 348-375.

SUGUIO, K. *Geologia sedimentar*. São Paulo: Edgard Blucher, 2003. 400p.